若尔盖地块西南缘浊积岩型金矿成矿作用

梁　斌　　谢启兴　何文劲　王全伟　　著
　　　　　朱　兵　杨大强　唐桢俊

科　学　出　版　社

北　京

内 容 简 介

本书是作者对若尔盖地块西南缘区域地质及金矿成矿作用研究的成果总结。本书以大量详实的野外地质资料，配合较为系统的分析测试，运用现代金矿成矿的新理论、新方法，通过对地层、构造、岩浆作用以及典型金矿床的调查研究，对若尔盖地块西南缘浊积岩型金矿的成矿作用进行较为系统的研究，深入分析研究区金成矿的地质背景、成矿条件、控矿因素和成矿作用，提出"地层–构造–岩浆作用"三位一体的金成矿模式，评价区域金矿资源潜力，并指出找矿方向。

本书可供从事区域地质调查、地质找矿、矿床学理论研究、矿产资源潜力评价的人员及高等院校相关专业师生参考阅读。

图书在版编目(CIP)数据

若尔盖地块西南缘浊积岩型金矿成矿作用 / 梁斌等著.—北京:科学出版社, 2015.9
（矿床地质及开发工程丛书）
ISBN 978–7–03–045914–5

Ⅰ.①若… Ⅱ.①梁… Ⅲ.①浊积岩–金矿床–成矿作用–中国 Ⅳ.①P618.51

中国版本图书馆 CIP 数据核字（2015）第 237265 号

责任编辑：杨 岭 黄 桥 / 责任校对：韩雨舟
责任印制：余少力 / 封面设计：墨创文化

科学出版社出版
北京东黄城根北街16号
邮政编码：100717
http://www.sciencep.com

成都创新包装印刷厂印刷
科学出版社发行 各地新华书店经销
*

2015 年 9 月第 一 版 开本：B5(720×1000)
2015 年 9 月第一次印刷 印张：8.25
字数：200 千字
定价：58.00 元
(如有印装质量问题，我社负责调换)

前 言

　　川西北地区的若尔盖地块是松潘—甘孜造山带的重要组成部分，其周缘分布有东北寨、哲波山、马脑壳、金木达等众多金矿床，是我国浊积岩型金矿重要的成矿远景区之一。若尔盖地块周缘地区的金矿找矿及相关研究工作始于 20世纪 70 年代，在其北缘及东缘相继发现了东北寨、桥桥上、哲波山、马脑壳、阿西、联合村等大中型金矿床；90 年代末至 21 世纪初，在其西南缘发现了金木达、南木达、新康猫等金矿床。众多金矿的发现，促使了人们对其成矿地质条件、成矿作用过程的深入研究。相比较而言，对位于地块西南缘、分布于壤塘—理县构造−岩浆岩带中的金矿床的成矿地质条件、成矿作用过程的研究相对较为薄弱，同时位于该区的金矿床与地块其他地方的金矿床在总体成矿背景相似的情况下，仍然显示出一定的差异，这一差异主要表现在该区金矿的成矿作用显著受到岩浆作用的控制，构成了 "地层−构造−岩浆作用" 三位一体的成矿模式。作为我国浊积岩型金矿的重要分布区及重要的金矿成矿远景区，深入研究若尔盖地块西南缘金矿成矿地质背景及成矿作用过程，有助于认识其成矿规律、评价其资源潜力，为地质找矿工作提供依据。

一、研究现状

1. 浊积岩型金矿

　　浊积岩型金矿(turbidite-hosted gold deposits)是加拿大地质学家 Boyle 提出的(Boyle，1986)，是把浊积岩为容矿岩石的金矿床单独划出的一种新类型金矿，是造山带金矿的重要类型之一。加拿大麦格玛和耶洛奈夫、澳大利亚维多利亚、乌兹别克斯坦穆龙套等举世闻名的金矿都属此类。目前，浊积岩型金矿已成为与绿岩型、砂金和浅成热液金矿同等重要的金矿类型，对其的研究和寻找是目前国际上金矿勘查的重要趋势。

　　浊积岩型金矿一般具有以下特征(卢焕章等，2013；方国庆等，1992)：赋矿岩系主要为一套浊积岩系，普遍遭受到绿片岩相的变质作用，主要岩石类型为硬砂岩、板岩、页岩、富碳质页岩等。金矿化多沿断裂带、沉积岩层理面、不整合面、韧性剪切带、拖拽褶皱和一般背斜的张裂隙中分布；主要呈脉、网脉、矿柱、透镜体和鞍状脉产出，其中脉的产出形式多达几十种，蚀变分带一般不明显。金属矿物主要有含金黄铁矿和毒砂，其次为方铅矿、黄铜矿、闪锌矿和磁黄铁矿，脉石矿物主要为石英、钾长石、斜长石、绿泥石、绢云母、方解石、白云石和少量金红石。这类矿床形成多与后期岩浆侵入活动密切相关，矿床多以富集硅(石英)、铁(黄铁矿和毒砂)、硫(硫化物)、砷(毒砂)、硼(电气石)和金银为特征。

有关浊积岩型金矿床的成因在国际上还有不同的认识，早期的矿床学家们多认为浊积岩型金矿床是岩浆热液成因的，或者是所谓的远温热液成因，但随着认识的不断深入，人们发现并非如此。加拿大地质学家 Boyle(1986)通过研究发现，金矿床一般形成在矿区内酸性岩浆活动之前，被后者穿切，因此倾向用侧分泌作用解释成矿过程，即认为浊积岩的沉积过程中，同时接受了大量的金银沉淀，形成原始矿源层，后期由于加热的天水、地层水及变质水对地层的淋滤作用，使金矿质析出并在构造扩容带中沉淀成矿。另一些地质学家认为并非所有的浊积岩型金矿床都形成在矿区酸性岩浆活动之前，相反许多该类金矿床与区内岩浆活动关系密切(如穆龙套金矿床)，因为岩浆活动也可为矿源层中矿质活化富集提供动力和载体。Glasson 和 Keays(1978)甚至认为浊积岩地层中金丰度不高，很难直接成矿，必须像前寒武纪绿岩那样部分熔融才能得以富集。Haynes(1986)则认为浊积岩型金矿床的某些特点同"东太平洋脊"RISE 地热田中"白烟筒"和菲律宾西部弧后盆地的石英－蒙脱石－针铁矿－长石等热液沉积相似，因此他认为浊积岩金矿床可能是由热泉喷发形成的，在后期受到某种程度的改造。虽然对其成因有不同认识，但目前多数人认为浊积岩的矿源作用是不可忽视的。通过对我国浊积岩型金矿床的地质、地球化学特征的研究，发现它们的成因也不尽相同，可形成在沉积建造同生沉积阶段，也可形成在沉积建造发生构造－变质作用阶段，也可形成在建造克拉通化以后地热作用和岩浆活动阶段，不同阶段形成的矿床表现的特征有所差异，但地质参数和同位素示踪几乎都表明浊积岩系对矿床的控制作用(毛德宝，1992；聂凤军，1989；孙省利等，1995；卢焕章等，2006)。

2. 若尔盖地块金矿研究现状

若尔盖地块及其周缘的地质工作可以追溯到 20 世纪 30 年代，大规模、系统的地质调查工作始于 20 世纪 60 年代，到 80 年代先后完成了 1：100 万、1：20万区域地质调查工作，之后开展了部分地区的 1：5万区域地质调查工作，通过这些区域地质调查及相关的科研工作，基本查明了区域地层、构造及岩浆、变质作用特征，发现了一些金矿点。

20 世纪 60 年代以前，主要对该区的砂金进行了调查与评价。70 年代后期，四川省区域地质调查队和西南冶金地质勘查公司先后发现了东北寨金矿和桥桥上金矿，从而拉开了岩金找矿的大幕。80年代开展的1：20万化探扫面，发现了众多的金和多金属地球化学异常，提供了丰富的找矿信息。随后在异常检查和相关地质找矿中，先后发现了哲波山、团结、马脑壳、水神沟、幸福村、阿西、拉日玛、大水沟、联合村、牙相、金格尔、金木达、南木达以及新康猫等众多的金矿床（点），显示出该区具有良好的金及多金属矿的找矿前景。

随着该区众多金矿床（点）的发现，对金矿矿床地质特征、成矿作用过程的研究也日渐深入。20世纪末具有代表性的成果主要有：李小壮（1993）《东北寨式微细浸染型金矿成矿条件、成矿模式及远景预测报告》；郑明华等（1994）以拉日玛金矿、马脑壳金矿为研究对象完成的《喷流型与浊流型层控金矿床》，论证了产于若尔盖地块东北缘寒武系太阳顶群硅质岩中的金矿床属海底喷流型层控矿床，而产于若尔盖地块东部中、上三叠统复理石建造中的金矿床书浊流型层控金矿。杨恒书（1995）在地质矿产部"八五"攻关项目"川北甘南地区金和多金属矿在三叠系中的控矿因素、成矿规律及找矿标志、成矿预测研究"的报告中，完成了研究区内金矿床的成矿地质背景、典型矿床和成矿预测等方面的研究，提供了多处有价值的找矿靶区。

20世纪90年代末到21世纪初，中国地质大学（武汉）张均等承担的原地矿部"九五"科技攻关课题"川西北地区金矿成矿条件矿床勘查模型及找矿靶区优选"（编号：95-02-002-03），对该区包括浊积岩型金矿在内的微细浸染型金矿进行了系统的研究和总结，取得了许多重要的成果（张均等，2000a，2000b，2000c，2002；赖旭龙等，1997，1998，1999；廖群安等，1999；杨逢清等，1996，1999；杨恒书等，1999）。这些主要认识有：①本区金矿的区域性展布均受若尔盖地块周缘的一些大型断裂带控制，从宏观上前三叠纪地质构造演化过程中曾经历了裂陷、洋壳形成、洋壳俯冲与碰撞重大地质事件，从而造成地球不同圈层的物质交换，提供一定的成矿物质来源，进而控制了区内三叠系金矿床的空间展布；从微观上三叠系金矿床无一例外地受区内剪切构造破碎带控制，构造破碎带提供了成矿流体运移的通道和矿质沉淀的空间。②三叠纪金矿绝大多数产于扎尕山组和新都桥组（卡车组）两套地层中，层控特征较为明显；三叠纪地层是主要赋矿层位，形成于半深海与深海大陆斜坡盆地环境下的浊积岩为金成矿的主要矿源岩系；在还原环境下形成的以浊积岩为主的三叠纪地层中富含的有机质在成矿物质富集成矿过程中具有一定的作用。③区内几乎所有金矿床（点）都或多或少地发育岩浆活动，这一特点表现在成矿作用与岩浆作用时间、空间上的一致性，且在相当一部分矿区中石英闪长玢岩或花岗斑岩本身就是金矿床的容矿围岩。④区内金矿均明显受控于深大断裂－岩浆带，从区域成矿体系结构上，依据成矿地质背景、地球化学场及成矿特点，将其划分为川西北金矿化富集区，若尔盖地块东北缘、西南缘2个金矿化富集亚区和4个各具特色的构造—岩浆成矿单元，即金木达—南木达成矿单元、若尔盖—红原成矿单元、南坪成矿单元、松潘—平武成矿单元。上述各成矿单元中主干断裂带的控岩控矿特征明显，在空间上构成相对集中的构造—岩浆矿化富集带，在时间上，共同经历了燕山期的叠加改造成矿作用，在物质组成上各成矿单元中的各种类型金矿均具有浅成低温热液成因的矿物和元素的共生组合特征，具有密切的内在成生联系。⑤在金矿化成矿机理研究方面，认为川西北金矿化富集区的形成与分布受成矿大地构造背景制约，受地层—岩性、构造—岩浆活动的双重控制；金矿化具一系列相似而独特的矿化特征，如赋矿围岩大多以未变质或弱变质的细碎屑岩夹碳酸盐岩组合为主，金颗粒微细，主要呈"不可见金"形式产出，发育中低温矿物组合及 Au-As-Sb 特征元素组合；成矿物质分别来自沉积地层、岩浆活动，成矿流体以大气降水为主，古地热梯度、构造或岩浆活动均可为成矿作用提供热动力来源；成矿热液主要富含 CO_2 的中低盐度稀溶液，多种不同性质流体的混合是矿质沉淀的主要机制；金矿的成矿机制可分为大气降水循环汲取，岩浆活动后期热液分异交代，生物有机质吸附还原三种机制。

王全伟等(2003)对川西北微细浸染型金矿成矿构造系统及动力学进行了分析研究，指出该区金成矿与赋矿建造的物理化学性质及其成矿时的位态密切相关，构造是控制矿源层与赋矿建造形成、金矿富集、就位的主要因素，厘定了玛曲—略阳、青川—茂文、岷江、壤塘—理县及炉霍—道孚 5 条含金剪切带为区内的金矿成矿构造系统，并提出了在其成岩成矿过程中的耗散结构性质，建立了区域构造—金成矿时空演化模型和金成矿构造动力学模型。

上述研究工作，厘定了研究区主要的控岩、控矿构造，基本阐明了金矿成矿作用过程，为本次研究打下了良好的基础。上述研究工作涉及包括若尔盖地块及其周缘的整个川西北地区，其空间尺度大，对地块西南缘的金矿成矿地质、成矿作用过程等问题已有一定的研究，但对若尔盖地块西南缘重要的壤塘—理县构造—岩浆成矿带的区域成矿地质背景、控矿因素以及成矿作用过程等问题，仍然值得进一步研究，这不仅对于更加深入认识该区金矿的成矿规律具有重要的科学意义，而且对于金矿地质找矿工作也具有重要的实际指导意义。

二、研究思路和主要内容

本次研究，以成矿带区域地质调查资料为基础，结合对典型金矿床的深入研究，以大量详实的野外资料为支撑，配合较为系统的分析测试，采用现代金成矿的新理论、新方法，通过对地层、构造、岩浆作用以及典型金矿床的调查研究，对若尔盖地块西南缘浊积岩型金矿的成矿作用进行较为深入的研究，系统分析研究区金成矿地质背景、成矿条件、控矿因素和成矿作用。

研究区金成矿作用主要受地层、构造和岩浆作用控制，在研究中围绕上述三个因素开展工作。具体研究内容和方法如下：

（1）地层岩性及沉积环境。通过系统的地层剖面测制，对地层进行分层描述，收集沉积相标志、遗迹化石特征，重点观察鲍马（Bouma）序列特征、岩性组合变化特征，按照 Walker（1978）的浊积岩岩相划分方案及海底扇模式进行浊积岩岩相划分，为地层划分与对比、沉积环境分析提供资料。

（2）地层的形成时代。重点采集双壳化石，确定含矿浊积岩系的时代。

（3）浊积岩的岩石地球化学特征。碎屑沉积岩记录了源岩的成分特征、物源区古化学风化条件和大地构造背景等方面的信息。通过浊积岩的常量、微量及稀土元素特征来探讨该区浊积岩的物源区特征及其大地构造背景，结合本区三叠纪构造古地理背景来追溯浊积岩的物源区，为探讨盆地演化提供依据。

（4）含矿岩系的金及其微量元素特征。对地层中微量元素，特别是金在浊积岩建造中的丰度和变化规律进行分析，了解壤塘—理县金成矿带地球化学背景，确定地层对金成矿的贡献。

（5）含金剪切带的构造变形特征。运用构造解析的理论与方法，从宏观、微观和超微观等不同尺度，分析构造变形的几何学、运动学特征，查明断裂带的变形期次及变形特征。

（6）构造变形与金成矿的关系。金矿的形成是一个多因素联合作用的复杂过程，构造是影响和控制金矿形成与演化的一个重要因素。在含金剪切带构造变形研究基础上，通过对典型矿床控矿构造的分析，查明断裂构造对金矿的多级控制以及控矿构造演化与金矿化的关系。

（7）岩浆作用与金成矿的关系。研究区岩浆作用无论在时间、空间以及成因上都与金矿形成具有密切的关系。通过区域地质调查，查明壤塘—理县构造－岩浆岩带中各类侵入体的空间分布、岩石类型，分析其岩石地球化学特征、含矿性，应用同位素测年确定其形成时代，讨论岩浆作用与金成矿的关系。

（8）金成矿地质条件及成矿规律。系统总结若尔盖地块西南缘金矿的成矿地质条件及成矿规律，为该区地质找矿提供依据。

（9）金矿资源潜力评价。利用 1：20 万区域化探及重要成矿远景区 1：5 万水系沉积物测量成果，采用面金属量定量和地球化学块体评价方法，对若尔盖地块西南缘进行金矿资源潜力评价。

三、工作概况

本书是在国土资源部中国地质调查局 1：5 万上杜柯、南木达幅区域调查及壤塘金成矿带金矿富矿储集机制及成矿预测研究等工作的基础上完成的，是国土资源大调查的成果之一。在本书的撰写过程中收集四川省地质矿产勘查开发局地质调查院、川西北地质队完成的 1：25 万阿坝县幅区域地质调查、化探队

"四川省壤塘县金木达—南木达地区金矿资源潜力调查评价"等报告，以及相关的研究成果。

研究工作完成实物工作量见表1。

表1　完成工作量表

工作项目	单位	技术指标	完成工作量
实测地层剖面	km		17
实测构造剖面	km		32
岩矿鉴定	件		429
化石鉴定（大化石、遗迹化石）	件		207
透射电镜（TEM）分析	件		5
粒度分析	件		8
痕金分析	件		46
稀土分析	件	稀土元素15项	27
微量元素分析	件	Zr、Hf、Ba、Cu、V、Zn、Sc、Cr、Co、Ni、Rb、Th、U、Au	42
主量元素分析	件	SiO_2、Al_2O_3、Na_2O、MgO、P_2O_5、K_2O、CaO、TiO_2、MnO、Fe_2O_3、FeO、H_2O^+、CO_2	33
K-Ar全岩及单矿物测年	件		10

四、研究进展

在总结前人富有成效的研究成果及大量野外地质调查的基础上，以详实的野外资料，配合较为系统的分析测试，采用现代金成矿的新理论、新方法，通过对地层、构造、岩浆作用以及典型金矿床的调查研究，对若尔盖地块西南缘浊积岩型金矿的成矿作用进行了较为深入的研究，系统分析了研究区金成矿地质背景、成矿条件、控矿因素和成矿作用，提出了"地层－构造－岩浆作用"三位一体的金成矿模式，分析评价了区域资源潜力和找矿方向。本研究主要取得以下主要成果：

（1）应用现代地层学多重划分理论，对研究区的岩石地层单位厘定，将三叠系地层划分为杂谷脑组、侏倭组、新都桥组，其中侏倭组、新都桥组是该区主要的金矿含矿岩系。根据地层中以双壳类 *Halobia* 属种为主、相伴有少量 *Posidonia* 属种的化石特征，确定了含矿浊积岩系地层时代为上三叠统卡尼阶。

（2）根据岩相、沉积相标志及岩相组合特征，配合系统的遗迹化石分析，对三叠纪地层的沉积环境进行了较为深入的研究，认为本区晚三叠世地层为深海－

次深海环境下的浊流海底扇沉积，可进一步划分出中扇内侧辫状水道区、外侧叠覆扇叶体、分流水道、水道间区、叶体周围，外扇-盆地平原、切入水道、新的叠覆扇等海底扇不同地貌单元。深海-次深海的还原环境为金的初始富集提供了有利条件。

（3）对研究区内主要的赋矿地层新都桥组的金及其他微量元素的特征进行了研究。新都桥组金的平均丰度为 $4.31×10^{-9}$，相对于上部大陆地壳（Taylor and McLennan，1985）呈明显的富集（富集系数为 2.42），综合分析认为新都桥组是本区重要的金矿矿源层。

（4）运用构造解析的理论与方法，从宏观、微观和超微观等不同尺度，查明了壤塘—理县构造-岩浆岩带构造变形的几何学、运动学特征以及变形期次及变形特征。壤塘—理县构造-岩浆岩带内断裂构造发育，总的组成一个多级次、复杂的菱形网节状构造。断裂带具有多期变形的特点，构造事件、岩浆事件与成矿事件密切相伴。构造-岩浆岩带早期是松潘—甘孜造山带主造山期大规模滑脱-推覆的变形，其变形时代为印支末—燕山早期，经历了中-浅构造层次的韧-脆性变形，形成了绢云母构造微晶片岩、碎裂岩。由于岩石圈不同滑脱界面的滑脱拆离，造成地壳局部熔融，使中酸性岩浆岩沿断层侵位于三叠纪地层之中。主造山期之后，燕山中期的陆内变形阶段为断裂带的递进剪切变形，表现为侵位于断裂带中的中酸性岩体由于构造作用而透镜体化，岩体边缘发育碎裂岩，碎裂岩脉是主要的金矿矿石类型，与该期构造密切相关的是金矿成矿事件，成矿流体在岩性及应力转换面上富集成矿。其后在喜马拉雅期中，断裂带还经历了断块抬升、逆冲-走滑等构造变形世代。

（5）查明了壤塘—理县构造-岩浆岩带中侵入岩的岩石类型及空间分布特征，对其岩石学、岩石地球化学特征进行了研究，探讨了岩浆作用与金成矿的关系。侵入体主要以岩脉的形式产出，主要类型有：花岗斑岩、花岗闪长斑岩、石英闪长岩、闪长岩、闪长玢岩以及煌斑岩脉。金矿体与闪长岩、闪长玢岩及煌斑岩脉密切共生，碎裂蚀变闪长岩、闪长玢岩是主要的矿石类型，岩浆作用与金矿化在时间和空间上具有密切的关系，而且为金矿的形成提供了重要的矿源，特别是其中的煌斑岩。

（6）在区域成矿背景的调查基础上，结合对典型矿床的研究，系统总结了该区金矿的成矿地质条件、成矿作用过程，提出了"地层-构造-岩浆作用"三位一体的金成矿模式，即赋矿地层是重要的矿源层，多期次的断裂活动是成矿的发动机，构造作用不仅提供了成矿的动力，也提供了成矿流体运移和矿质沉淀的场所，而且构造作用与岩浆作用密切相关，控制了岩浆的形成与侵位，而岩浆岩又为成矿作用提供热能、流体、成矿物质和容矿空间，总体表现为沉积事件、构造事件、岩浆事件与成矿事件的高度耦合。

（7）利用 1：20 万区域化探扫面及 1：5 万水系沉积物测量成果，采用面金属量和地球化学块体评价方法，对若尔盖地块西南缘重要成矿远景区进行了金矿资源潜力评价，结果表明该区具有良好的成矿地质背景，是一个极具找矿潜力的金成矿带，通过进一步的地质找矿工作，有望取得新的突破。

本研究成果是项目组全体人员辛勤工作的集体成果。本书各章节分工如下：前言，梁斌、王全伟；第一章，梁斌、谢启兴、杨大强；第二章，梁斌、朱兵、何文劲、唐桢俊；第三章，谢启兴、何文劲；第四章，梁斌、谢启兴、王全伟、何文劲；第五章，王全伟、梁斌、杨大强；结语，梁斌。本书由梁斌统攥定稿。陈明、邹崇杰、唐瑞彩、张清洪、唐继荣、郑尚均、母永鸿、卢以成、赖小平等参加了野外调查及资料整理工作。本书插图由黎诗宏协助完成。

五、致谢

本项目研究成果是国土资源部地质大调查成果之一，是在中国地质调查局、西南地区地质调查项目管理办公室领导下完成的。工作中得到了四川省地质矿产勘查开发局、四川省地质调查院、川西北地质队等各级领导及有关部门的大力支持，省局骆耀南总工程师、王大可高级工程师，川西北地质队李树总工程师对我们的工作给予了极大的帮助和指导，川西北地质队杨恒书教授级高级工程师、马荣刚高级工程师以及中国地质大学(武汉)杨逢清、王治平教授多次到实地进行指导，对我们的工作给予了许多重要的帮助；中国地质大学(武汉)"川西北地区金矿成矿条件矿床勘查模型及找矿靶区优选"课题组的张均、赖旭龙等老师在研究思路、工作方法等方面给予指导；四川省地质矿产勘查开发局化探队唐文春教授级高级工程师提供了宝贵的资料，在此一并表示衷心的感谢！

承担本次工作测试分析的单位主要有：成都理工大学 X 射线分析室、粒度分析室，中国地质大学(武汉)地层古生物教研室、测试中心(TEM)室，地矿部武汉综合岩矿测试中心，成都地质矿产研究所同位素分析室。对上述测试单位表示衷心的感谢！

目　　录

第一章 区域成矿地质背景及典型金矿床特征

第一节 区域成矿地质背景

若尔盖地块位于川西北地区,大地构造上属于松潘—甘孜陆块的次级构造单元(图1-1)。若尔盖地块周缘是断裂构造、变质变形、火山-岩浆活动及金属成矿等地质作用最为集中的地带。作为我国川甘陕金三角地区的重要组成部分,已发现数十个金矿床(点),它们大多产于地块北、东、西南边缘。

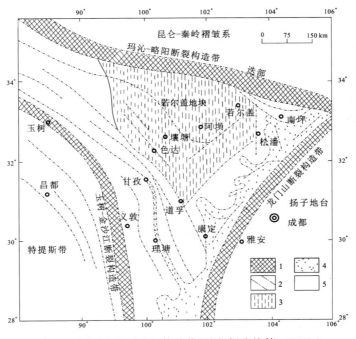

图1-1 川西北地区大地构造位置图(据张均等,2000a)

1. 巨型断裂带及其所夹岩片;2. 断裂带;3. 若尔盖地块;4. 前三叠纪地层;5. 三叠纪地层

一、区域构造背景

若尔盖地块是位于玛沁—玛曲—略阳深大断裂带（北界）、松潘—金川断裂带（东南界）和鲜水河断裂带（南西界）所构成的倒三角形区域，是松潘—甘孜造山带的重要组成部分。

若尔盖地块是由扬子陆块西缘古老变质岩基底经两次裂陷活动分裂出来的中间地块（郑明华等，1994），在早古生代发生第一次裂陷，北部由海底热水喷溢活动形成富含金属的寒武系太阳顶群硅质岩系，东部则沉积了含磷和锰的硅质岩-泥岩-碳酸盐岩建造；发生于晚二叠纪的第二次裂陷，堆积了厚逾万米的三叠系复理石建造。

在印支晚期以来，若尔盖地块受冈瓦纳大陆板块和劳亚板块碰撞的影响，发生大规模的推覆造山，在其内部及周缘形成了复杂而多期的构造，并伴随有岩浆侵位和变质作用。

其中对区域控矿有明显意义的有以下两个构造组。

1. NE-SW 向构造组

此组构造主要由龙日坝断裂带、岷江断裂带和虎牙断裂带组成。

龙日坝断裂带呈延伸约 200km，东西宽 5~10km，北端与玛曲 EW 向断裂带相交，节点附近发现有甘肃著名的大水金矿床，南端与 NW 向壤塘—理县断裂带相接，对新康猫金矿起着重要的控制作用。

岷江构造带延伸>100km，东西宽 10~15km。自东向西分别由漳腊断裂、垮石崖断裂、牟尼沟断裂带和其间的香腊台复背斜、扎尕山复背斜等组成。垮石崖断裂是直接控制矿床的断裂带，其中最著名的金矿床有东北寨金矿床等。

虎牙断裂带延伸 50 余公里，东西宽 3~8km，北端发现有龙滴水金矿床，南端对银厂金矿床起重要作用。

2. NW-SE 向构造组

此构造组包括西秦岭构造系统的一部分及若尔盖地块西南缘，以出现一系列的 NW-SE 向且呈大体平行的褶皱和断层带为特征。主要构造有玛沁—略阳断裂带、玛曲—荷叶断裂带、马尔康断裂带、壤塘—理县断裂带等。此组断裂带及褶皱控制了一系列的金矿床（点），如马脑壳金矿床、金木达金矿床、新康猫金矿床。

二、区域沉积建造

除在若尔盖地块东缘出露前震旦纪碧口群基底外，其余地区广泛出露中-上三叠统西康群次深海-深海浊流复理石建造，岩性较为单一，主要由砂板岩组成，偶见少许灰岩，厚达万米。根据岩性特征可分为扎尕山组（T_2zg）、杂谷脑组（T_3z）、侏倭组（T_3zw）、新都桥组（T_3xd）。

扎尕山组（T_2zg）：岩性以薄－中层夹厚层状变质粉砂－细砂岩为主的砂、板岩不等厚互层夹薄层－透镜状结晶灰岩，一般厚千米左右。产少量中三叠世双壳类 *Daonella indica* 和牙形石 *Neogondolella constricta*，*N. mombergensis*，*N. excelsa* 等化石。

杂谷脑组（T_3z）：岩性为灰色中、厚层－块状变质细粒岩屑长石杂砂岩、细粒长石石英杂砂岩、石英细砂－粉砂岩夹粉砂质板岩，局部可见含砾杂砂岩和中－粗粒杂砂岩。砂、板岩比一般大于 5：1，厚 400～3000m。

侏倭组（T_3zw）：岩性为灰色薄－厚层状变质细粒岩屑杂砂岩、长石石英细砂岩、石英细砂－粉砂岩与深灰色粉砂质板岩、含碳质黏板岩的韵律式互层，局部间夹滑塌角砾岩、泥晶灰岩透镜体，砂、板岩比接近 1：1，厚 1480～1776m。板岩中含卡尼期双壳类 *Halobia pluriradiata-H. rugosa* 生物群。

新都桥组（T_3xd）：岩性以灰－灰黑色含粉砂质板岩、含碳质绢云板岩为主，间夹灰色薄层－厚块状变质杂砂岩、石英细砂－粉砂岩及少量含砾杂砂岩、滑塌角砾岩楔形体或透镜体，偶尔也出现泥晶灰岩薄夹层或透镜体。板岩中产有与侏倭组一致的卡尼期双壳类 *Halobia pluriradiata-H. rugusa* 动物群，出露厚度＞2390m。

三、岩浆活动

区域有大量的印支、燕山期岩浆岩出露，以岩基、岩株或岩脉的形式广布于整个地块，岩石类型主要为石英闪长岩、英云闪长岩、花岗闪长岩、二长花岗岩等。大面积的岩体分布在北东（羊拱海岩体）与南西（可尔因岩体）两侧，由岩体、岩株构成复式岩体、岩群或岩带。

四、区域变质作用

中－上三叠统西康群地层普遍受低级绿片岩相区域变质作用，形成大面积的区域变质岩。原来岩性较单一的复理石砂泥岩建造，基本上都变成为变质砂岩、板岩等，其变质程度很低，原岩结构、构造等特征保留完好。

沿断裂带分布动力变质岩，主要构造岩为不同岩性的碎裂岩及少量的构造微晶片岩、初糜棱岩等。

由于印支—燕山期花岗岩类岩石的侵位导致围岩发生接触变质，形成一套接触变质岩，可划分为铁铝榴石带、红柱石带及黑云母带等接触变质带。

五、区域金矿分布特征

川西北地区金矿床（点）的区域性展布严格受区域构造格局控制，多沿若尔盖地块周缘的区域性断裂带分布，主要集中在地块的东北缘和西南缘，构成两个空间上相对称的矿化富集亚区（张均等，2000b，2000c）。如沿地块北缘展布的玛曲—略阳断裂分布有阿西、马脑壳、京格尔、大水、忠曲等金矿；沿阿坝地块东缘展布的岷江断裂分布有东北寨、桥桥上、尖尖山、金宝碉、银厂等金矿；沿地块西南缘展布的炉霍、色达、壤塘—理县断裂带上分布有丘洛、嘎拉、普弄巴、金木达、南木达、新康猫等金矿。前人曾在相关科研中对区内金异常与构造异常的关系作过统计分析，发现本区 118 个金异常分布在线性构造异常带上有 102 个，50 个环形构造异常中有 34 个异常边缘有金异常发育，充分反映出本区金成矿与构造异常的密切相关性（赵琦，1995）。

岩浆活动与金成矿具有密切的时空及成因联系。若尔盖地块周缘，印支晚期—燕山早期浅成-超浅成相中酸性钙碱系列岩浆岩大量产出于区内中、上三叠浊积岩建造中。在地块周缘的已知控矿断裂带中，均或多、或少地有岩株和岩脉群存在，岩脉发育的区域往往形成规模较大的金矿床。该期岩浆热事件以其丰富的岩浆期后热液促进了区内金矿的改造成矿作用。对岩浆岩与金矿在空间分布上的依存关系、在成矿物质上的继承关系和成因上的相互联系的研究还表明，本区岩浆活动直接控制了区内大水、哲波山、阿西、金木达、联合村等金矿的形成与分布（李小壮，1996）。

第二节　典型金矿床地质特征

沿若尔盖地块西南缘展布的壤塘—理县构造-岩浆岩带，总体呈 NWW 向展布，由青海省进入四川省的壤塘金木达，经马尔康满都，红原刷经寺，止于理县危关，长度>280km（图 1-2）。该构造带具良好的成矿条件，地表发育一系列 NW 向的逆冲断裂，构造带西段由一系列呈雁行式排列、走向北西的次级断裂和褶皱，以及中酸性岩株与岩脉组成；东段由平行排列的北西向次级断裂、复式褶皱，以及中酸性岩脉组成。

在壤塘金木达—马尔康刷金寺长达 120km 的范围内，相继发现了金木达、南木达、新康猫等中型以上的矿床以及翁沟、卓钦、西穷、珠安达等金矿点（图1-2）。矿体均产于三叠系西康群浊积岩之中，矿体的形成受控于三叠系浊积岩以及地块边缘的断裂活动、岩浆作用，构成了"地层-构造-岩浆作用"三位一体的成矿模式。

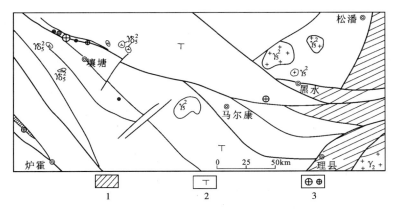

图 1-2 壤塘—理县构造-岩浆岩带地质构造略图

1. 古生代地层；2. 三叠纪地层；3. 金矿床及矿（化）点

一、壤塘金木达金矿床

金木达金矿床位于壤塘县上杜柯乡金木达，矿区地层为上三叠统侏倭组和新都桥组次深海-深海相浊积岩建造。印支晚期—燕山早期浅成-超浅成相中酸性侵入岩分布广泛，尤以闪长玢岩脉最为发育，其次为花岗斑岩脉，还偶可见有煌斑岩脉及小型中浅-中深成相闪长岩-石英闪长岩-花岗闪长岩类侵入体出露。主干构造为鱼托倒转破复向斜及发育于其核部的壤塘—理县北西西向断裂带（图1-3，图1-4）。赋矿地层为上三叠统新都桥组灰黑色粉砂质板岩夹变质石英

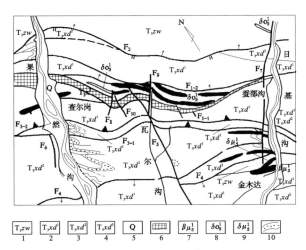

图 1-3 壤塘金木达金矿床地质略图（四川地勘局川西北地质队，1999）

1. 侏倭组（砂岩、板岩互层）；2. 新都桥组下段（板岩）；3. 新都桥组中段（砂、板岩）
4. 新都桥组上段（板岩）；5. 第四系；6. 金矿带；7. 印支期辉绿玢岩；8. 印支期闪长玢岩
9. 印支期石英闪长玢岩；10. 变质砂岩

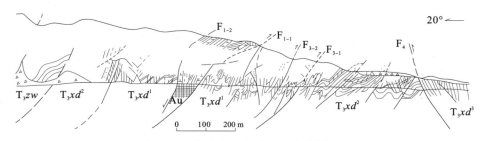

图 1-4　壤塘金木达金矿地质构造剖面图

岩屑砂岩,并以富含有机质及沉积成因莓状黄铁矿为特征,属深海浊积扇的外扇-盆地平原相沉积,局部间夹切入扇体的水道相透镜状砂体。金木达金矿至今已发现 7 个矿体,其中有 2(Ⅰ、Ⅱ)个矿体控制程度已达普查要求,估算 333＋334 金资源量为 13992kg。

1. 矿体产出特征

金木达金矿参照 DZ/T 0074—1993《岩金矿普查规范》,结合现场露坑混采-堆淋浸出工艺的技术经济可行性试验成果,以边界品位 0.5g/t,表外储量矿体(或块段)最低平均品位 1.5g/t,表内储量矿体(或块段)最低平均品位 2.5g/t,最低可采厚度 0.8m,夹石剔除厚度≥2m,作为储量概算指标,初步圈定出主矿体 4 个。

主矿体由透镜状、细脉状、网脉状及囊状等形态复杂多样的矿体与大小不一的菱形夹石复合而成(图 1-5),总体上呈"似层状"上下并列产出于控岩控矿

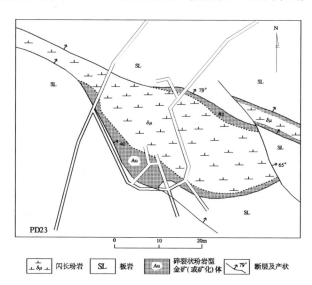

图 1-5　壤塘金木达金矿区 2 号矿体(西端)PD23 平硐(3740m)中段地质平面图

(四川地勘局川西北地质队,1999)

断裂带中，产状也与之协调一致。其中，位于底部的主矿体长 960m，平均厚
7.86m，平均品位 2.98g/t，少数单工程平均品位 4.69～13.59g/t。这是该矿床
中唯一的表内矿体，规模及品位均位居矿床之冠。其余 3 个主矿体，长 200～
560m，平均厚 4.10～5.35m，平均品位 1.07～2.23g/t，少数单工程平均品位可
达 3.43～5.02g/t，属表外矿体。各主矿体之间的垂直间距为 20～50m 不等。

矿体氧化带沿矿面的斜向延深较浅，一般仅十余米至数十米，难以逾越
百米。

2. 矿石自然类型、矿石矿物组分及组构特征

金矿石依容矿岩类的不同划分为两种主要的矿石自然类型：碎裂－碎斑－角
砾状蚀变板岩型金矿石(板岩型金矿石)和碎裂状蚀变玢岩型金矿石(玢岩型金矿
石)。另有少量硫化物石英脉型金矿石。

板岩型金矿石：脉石矿物以绢云母和伊利石黏土矿物为主，石英和岩屑次
之，斜长石和碳酸盐矿物少量；矿石矿物有针(褐)铁矿、(含砷)黄铁矿、毒砂
和辉锑矿等。矿石具变余砂状和草莓状结构，显微鳞片变晶结构，结晶交代结
构；变余纹层构造，微粒浸染状和细脉－网脉状充填构造等。

玢岩型金矿石：脉石矿物有斜长石、绿泥石、绢云母和石英；矿石矿物以
针(褐)铁矿、(含砷)黄铁矿和毒砂最为常见，辉锑矿次之，磁黄铁矿和黄铜矿
少量，偶见硫砷锑铜矿及(含银)自然金矿物微量。代表性矿石组构为粒状结晶
和交代结构，细粒浸染状、碎裂－角砾状、网脉状和团块状构造等。

3. 矿石的成矿指示元素组合特征

金矿石的微量元素 R 型聚类分析结果表明：板岩型金矿石的典型成矿指示
元素为 Au-As-Sb 三元素组合，Au-As 和 Au-Sb 的相关系数分别为 0.7975 和
0.9284，呈显著的正相关性；玢岩型金矿石的典型成矿指示元素为 Au-As-Ag
三元素组合，Au-As 和 Au-Ag 的相关系数分别为 0.9160 和 0.5465，呈显著的
正相关。此外，Cu-Ag 也表现有一定的相关性。显而易见，上述两类金矿石的
成矿指示元素共生组合特征与其矿石矿物组成特征是完全一致的。

4. 矿石金的赋存状态

金木达金矿床的矿石金，除在钻孔中的一件原生玢岩型矿心中发现有可见
金微量外，几乎全为粒径<0.1μm 的不可见金。

可见金：在仅有的一件矿芯样品中共检出 40 粒。据光片观察：粒径一般为
1～2μm，最大一粒可达 5μm；呈不规则粒状、尖角状和微细脉状充填于毒砂(占
90%)和石英(占 10%)的显微裂隙及晶隙中。单矿物电子探针分析结果：含金
83.35%～88.66%，含银 11.34%～16.65%，基本上无其他杂质混入，属(含

银)自然金矿物。在(含银)自然金及其载体——毒砂、石英周围常有磁黄铁矿、黄铜矿。

不可见金：系指粒径<0.1μm 的次显微金和晶格金，其赋存状态一般难以直接观察。据单矿物电子探针分析结果可知：主要载金硫化金属矿物中的金元素分布极不均匀，如：(含砷)黄铁矿含金量 0～0.22%，毒砂含金量 0～0.439%，辉锑矿含金量 0～0.01%，硫砷锑铜矿含金 0.046%等。上述同种载金矿物含金量的差异性和不均匀性，间接表明金元素很可能主要以次显微包体金、晶隙金、裂隙金等形式赋存于载金矿物中。

5. 围岩蚀变

近矿围岩蚀变类型主要有硅化、黄铁矿化、黄铁绢云岩化及辉锑矿化等四种。

硅化：分布普遍并伴随于金成矿的全过程，其蚀变强度与金矿化强度呈明显的正相关性。板岩型金矿中的硅化石英多呈烟灰色，以细脉、网脉形式产出为主；玢岩型金矿中的硅化石英呈微粉红色，以团块状、斑杂状形式产出为主。

黄铁矿化：分布广泛，与金矿关系十分密切，并主要以微细粒浸染状和细脉状等多种形式散布于构造蚀变岩带中。热液成因黄铁矿通常含砷 1%～2%，可称之为含砷黄铁矿，是矿床中最重要的载金矿物。

黄铁绢云岩化：常见于闪长玢岩与板岩的断层界面附近，这通常也是金矿化相对富集的部位。这类围岩蚀变可能与岩浆期后热液或含有岩浆期后热液的混合热液活动具有一定的关系。

辉锑矿化：为富硫化物石英脉的重要矿石矿物组分，可以划出两个世代：早期为细粒状，晚期为粗粒状，呈细脉状穿插关系清晰。辉锑矿化蚀变与金矿关系十分密切，通常可视其为金矿富集的重要指示标志。

6. 成矿温度及成矿时代

据张均等(2002)的研究，硅化石英中气液相包裹体的早期成矿阶段的均一温度为 290±5℃，主成矿阶段的均一温度为 240±5℃，总体上可归属中偏高温热液型金矿。与金矿形成关系密切的(矿化及无矿)闪长玢岩及硅化石英的 Rb-Sr 等时线年龄值为 219±12Ma 和 187±12Ma，据此，成矿时代可确定为印支晚期(成矿早期)—燕山早期(主成矿期)。

二、红原刷金寺新康猫金矿床

新康猫金矿床位于红原刷经寺新康猫，矿区地层为上三叠统侏倭组和新都桥组次深海－深海相浊积岩建造，赋矿地层为上三叠统侏倭组黑色粉砂质板岩与变质石英岩屑砂岩互层。矿区内出露少量蚀变闪长玢岩脉、蚀变英安岩脉。矿体呈层状、似层状、透镜状产出，延伸较稳定，呈陡倾的舒缓波状延伸（图 1-6，图 1-7）；矿体氧化深度大于 100m，出露高差 735m。矿石类型以褐铁矿化、硅化碎裂岩及糜棱岩为主，金为不可见的超显微金存在。获 333+334 资源量 117t，达特大型规模（唐文春，2005）。

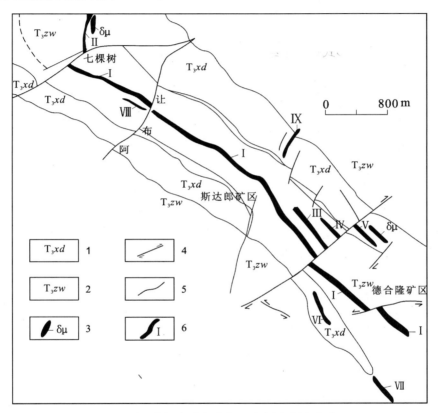

图 1-6　红原刷金寺新康猫金矿床地质略图（据唐文春，2005）

1. 新都桥组；2. 侏倭组；3. 闪长玢岩；4. 平移断层；5. 性质不明的断层；6. 金矿体及编号

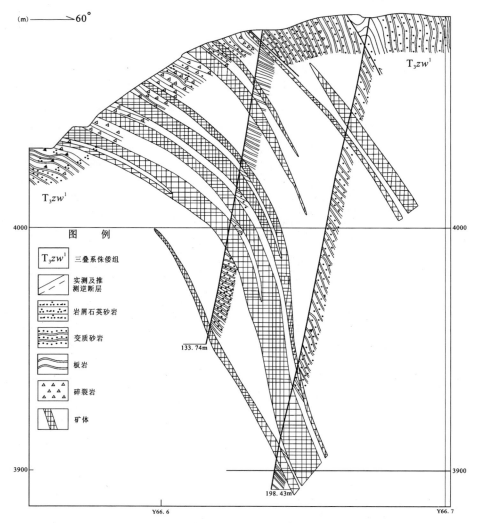

图 1-7　红原刷金寺新康猫金矿床地质剖面图(据唐文春，2005)

1. 矿体产出特征

矿体赋存于韧脆性剪切带内，一个剪切带往往有 1 个或多个矿体(矿化体)。新康猫矿区已发现多个剪切带，其中矿化较好者为Ⅰ矿带及Ⅱ矿体有关的两个剪切带，尤其在Ⅰ矿带赋存的剪切带已初步发现 19 个矿体。

发现矿体 27 个，主要为Ⅰ及Ⅱ号矿体。这些矿体基本沿层间破碎带呈 NW 向带状展布，延伸长度 300~10000m，宽 10~100m，呈层状、似层状、透镜状产出，局部有分叉现象，总的来说矿体形态较简单。另外在 NE 向剪切带中亦发现有矿(化)体存在，但其规模小、品位低。矿区内工程矿体厚度 0.91~19.14m，矿区平均厚度 4.79m，单件样品位 $1.0 \times 10^{-6} \sim 31.2 \times 10^{-6}$，全矿区平均品位 4.84×10^{-6}。

Ⅰ号矿体总体走向 NW-SE，呈舒缓波状延伸，倾向 SW 或 NE，倾角较陡，一般为 $60° \sim 85°$，延长大于 6000m，延深大于 600m。呈层状、似层状产出，沿走向出现膨大缩小和分支复合等现象。矿体厚度一般 $0.91 \sim 19.14m$，平均厚度 5.46m，厚度变化系数 79%，为稳定类。见矿单样品品位 $1.00 \times 10^{-6} \sim 31.20 \times 10^{-6}$，矿体平均品位 5.02×10^{-6}，品位变化系数 68%，为均匀类。Ⅱ号矿体近 SN 向展布，倾向 NW 或 SW，倾角 $50° \sim 65°$，控制矿体长度 1km，矿体呈层状、似层状，工程中矿体厚度 $3.26 \sim 5.14m$，平均厚度 4.12m，单样品位 $1.20 \times 10^{-6} \sim 12.28 \times 10^{-6}$，平均品位 4.61×10^{-6}。矿化带内常见含毒砂黄铁矿石英砂岩构造透镜体，局部矿化带内可见碎裂石英闪长玢岩脉。

2. 矿石自然类型、矿石矿物组分及组构特征

根据化学成分和有关矿物组合，将矿石分为 4 种类型，即弱蚀变矿石、硅质矿石、黄铁矿质矿石和毒砂质矿石。弱蚀变矿石是指其组分与不含金的同类岩石大体相似，蚀变作用不明显，渗透交代及充填作用微弱，只有少量元素的带出和带入；硅质矿石是指矿石受硅化作用明显，SiO_2 含量较高，金的含量最高；黄铁矿质矿石则含黄铁矿较多，一般大于 3%，金的含量较高，但也有不含矿者；毒砂质矿石 As 的含量往往高于其他矿石类型几倍至几十倍，金含量次于前两种。但矿石类型并非这么简单，常常是这几种矿石类型的组合：褐铁矿化碎裂状岩屑砂岩型金矿石、褐铁矿化-硅化碎裂岩型金矿石、褐铁矿化糜棱岩型金矿石、黄铁矿化-硅化-毒砂化碎裂岩型金矿石、褐铁矿化糜棱岩化型金矿石。

矿石矿物主要为黄铁矿、褐铁矿，次为黄铜矿、毒砂、闪锌矿、自然金等，含量 5%~10%；脉石矿物主要为长石、石英及黏土质矿物，其次为方解石、石墨等，含量一般在 90% 以上。

矿石组构种类较多，其结构有砂状、碎屑状结构、交代结构、细脉穿插结构、鳞片状结构等，构造以碎裂状、微细粒(脉)浸染状、网脉状构造、块状构造、角砾状构造为主。

3. 矿石的成矿指示元素组合特征

R 型聚类分析表明，Au、As、Sb、Hg、W 五种元素具有明显的相关性，彼此间组合成为紧密的同一簇群。而 Ag、Ba、Co、Ni、Mo、Zn、Sr 等元素与 Au 相关性较差或完全无关，不能成为直接反映该类型金矿化的指示元素。

Au-As-Sb-Hg-W 五种元素组合原生晕在矿区分布连续，并贯穿全矿区，矿晕中的平均含量比背景值高出数十至数百倍；组合晕的浓度梯度变化明显，矿

晕与围岩的元素含量差异悬殊，以急速跳跃方式分界。组合晕的浓度分带较明显，但对称性较差，其内、中、外带大体上对应金矿体、金矿化带和蚀变围岩带。

4. 矿石金的赋存状态

自然金少见，呈金黄色，性软，呈树枝状与闪锌矿、石英连生或粒状包裹于石英中、方解石、石英颗粒边缘，粒径长约 $25\mu m$，宽约 $7.5\sim12.5\mu m$。

5. 围岩蚀变

矿区围岩蚀变发育，较普遍的是绢云母化、硅化、黄铁矿（褐铁矿）化、碳酸盐化，此外还有黏土化、辉锑矿化、黄铜矿化、石墨化等，蚀变的强弱与金矿化密切相关。

绢云母化：矿区内普遍发育，有热液活动的部位均有不同程度的绢云母化。在剪切带内多沿面理分布。

硅化：沿矿带均有分布，从矿化带中心往外，石英脉由细小网脉状变为较粗大，并由强减弱。区内硅化具多期：早期为微晶它形分布于蚀变岩石中；矿化期以细小网脉状石英为主，多沿岩石裂隙分布；晚期为粗大的纯白石英脉、方解石－石英脉，最晚的是石英晶簇和岩石孔洞中的蛋白石。其中，网脉状石英脉与金矿化关系最密切。

黄铁矿化：在矿带内广泛发育，与金矿化的关系最为密切，为金矿化的直接标志。以浸染状、细脉状、莓粒状为主，早期基本上是由原生黄铁矿经重结晶而成；中期多为含砷的环带状黄铁矿集合体；晚期自形程度较高，以立方体黄铁矿为主。地表多氧化为褐铁矿，呈褐色碎裂岩。

碳酸盐化：多集中在矿化带内，按碳酸盐矿物特征大致分为两期。早期以较粗粒不规则粒状方解石组成的斑块状集合体，相对较洁净；后期以富含褐铁矿浸染的褐黄色致密状方解石为主，部分呈细脉状穿切上述方解石或沿早期方解石的边缘分布并穿切石英脉，其成因可能与黄铁矿化及次生氧化有关。

第二章 地层、沉积环境与金成矿

若尔盖地块西南缘广泛分布三叠系西康群浊积岩地层，主要包括上三叠统的杂谷脑组、侏倭组和新都桥组。本区发现的金矿床（点）绝大部分赋存于新都桥组之中，少量分布于侏倭组之中。地层与金成矿的关系主要表现在沉积过程中成矿元素在有利的沉积环境下初步富集，为后期的金成矿作用提供了成矿物质。

第一节 浊积岩系的岩性及时代

区内浊积岩系为三叠纪西康群，为一套形成于巴颜喀拉海槽的厚度巨大的浅变质碎屑复理石建造。在川西北地区，西康群包括中三叠统扎尕山组（T_2zg）、上三叠统杂谷脑组（T_3z）、侏倭组（T_3zw）、新都桥组（T_3xd）。若尔盖地块西缘壤塘—理县构造-岩浆岩带及两侧，主要分布上三叠统侏倭组（T_3zw）、新都桥组（T_3xd）以及少量的杂谷脑组（T_3z）。

一、代表性地层剖面及岩性特征

本次研究测制了较多的地层剖面，本书仅选择层序基本正常、岩性特征比较明显，并含有明确或比较明确具断代意义生物化石的代表性分组剖面，综合分层列述如下：

1. 壤塘县南木达乡嘎阿玛三叠系杂谷脑组—侏倭组（T_3z-T_3zw）实测地层剖面（图 2-1）

上覆地层：三叠系上统新都桥组（T_3xd）石英粉砂岩与粉砂质绢云板岩互层

——整　　合——

上三叠统侏倭组（T_3zw）　　　　　　　　　　　　　　　　　　　　　　1908.4m

71. 灰—黄绿灰色薄至中层状变质中—粗粒夹细粒岩屑石英砂岩与深灰色含粉砂质绢云板岩互层，夹灰色变质石英粉砂岩条带（或透镜体）。砂、板岩之比为 2∶1～1∶1。产双壳类化石：*Halobia* sp. 及海百合茎化石碎屑。　　　　　　　　　　81.24m

70. 深灰色含粉砂绢云板岩夹灰色薄层变质粉砂岩（或条带）。　　　　　70.20m

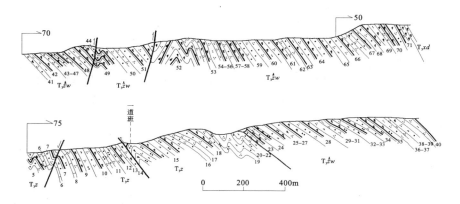

图 2-1　壤塘县南木达乡嘎阿玛三叠系杂谷脑组—侏倭组(T_3z-T_3zw)地层剖面图

69. 灰色薄至中层变质细粒岩屑石英砂岩与灰色薄层变质石英粉砂岩及黑色粉砂质绢云板岩互层。粉砂岩中普遍发育交错层理，细砂岩中平行层理发育，砂、板岩之比约为 3:1。板岩中见遗迹化石：*Paleodictyon* sp.，*P. miocenicum* Sacco。　　31.43m

68. 灰—黄绿灰色薄至中层夹厚层变质中—细粒石英砂岩夹灰—深灰色粉砂质绢云板岩。发育鲍马序列 Tabe 段组合，局部砂岩中含植物化石碎片。　　58.19m

67. 灰色薄至中层夹厚层变质中—细粒石英砂岩与深灰色粉砂质绢云板岩呈韵律互层夹灰色变质石英粉砂岩条带(或透镜体)，砂、板岩之比约 1:1。　　144.67m

66. 灰至绿灰色中—厚层变质细粒岩屑石英杂砂岩夹深灰色粉砂质绢云板岩及灰色变质石英粉砂岩条带，发育鲍马序列 Tab 段组合，偶见 Tae 段组合。　　48.66m

65. 灰至绿灰色中至厚层变质中—细粒石英砂岩与灰黑色含粉砂绢云板岩韵律互层夹深灰色薄层或条带变质石英粉砂岩。砂岩中普遍含植物化石碎片，板岩中产遗迹化石：*Gordia* sp.，*Paleodictyon miocenicum* Sau。　　131.89m

64. 灰黑色粉砂质绢云板岩夹灰—深灰色薄层变质石英粉砂岩，底部夹有灰色变质细粒石英砂岩。粉砂岩中发育水平层理及交错层理。　　24.68m

63. 灰绿至灰色中至厚层变质细—中粒石英砂岩夹深灰—灰色粉砂质绢云板岩。发育鲍马序列 Tae 段组合。　　24.11m

62. 灰黑色含粉砂质绢云板岩夹少量深灰色变质石英粉砂岩条带，上部偶夹灰色中—厚层变质细粒石英砂岩。　　41.99m

61. 灰至深灰色薄至中层状夹厚层状细粒石英砂岩夹深灰—灰黑色粉砂质绢云板岩及深灰色变质粉砂岩条带。砂岩底部槽模发育，粉砂岩中见水平层理，发育鲍马序列 Tabde 段组合。产海百合茎 *Traumatocrinus* sp. 及遗迹化石：*Paleodictyon* sp. 和植物化石碎片等。　　95.42m

60. 灰色中至厚层变质细—中粒石英砂岩。砂岩底面发育小型槽模，鲍马序列为 Tab 段组合，见植物碎片化石：*Neocalamites* sp. 。　　52.23m

59. 灰黑色含粉砂绢云板岩夹变石英粉砂岩条带及绿灰色中—厚层状变质细粒石英砂岩。板岩中见有遗迹化石，并发育毫米级纹层。　　56.96m

58. 绿灰色中至厚层变质细粒石英砂岩夹少量灰黑色粉砂质板岩，主要发育鲍马序列 Tab 段组合。 7.83m

57. 灰黑色含粉砂质绢云板岩夹深灰色变质粉砂岩条带，粉砂岩中发育斜层理及水平层理，偶见遗迹化石。 10.32m

56. 绿灰－灰色薄至中层夹厚层变质中－细粒石英砂岩，砂岩中发育平行层理。 30.70m

55. 灰色中至厚层变质细－中粒石英砂岩与灰黑色粉砂质绢云板岩韵律互层，夹灰色薄层变质石英粉砂岩，砂、板岩之比约为 1∶1。顶部见厚约 1.5m 的滑塌堆积(滑塌角砾岩)。 37.11m

54. 灰黑色含粉砂绢云板岩夹深灰色石英粉砂岩条带，粉砂岩中见交错层理，板岩中见遗迹化石：*Planolites* sp.，*Imponglyphus* sp.。 22.93m

53. 灰至绿灰色中至厚层细粒岩屑石英杂砂岩夹深灰－灰黑色含粉砂绢云板岩及灰色薄层变质石英粉砂岩。局部砂岩底具槽模构造，粉砂岩中发育小型交错层理。鲍马序列常见 Tabe 及 Tbe 段组合。砂、板岩之比为 2∶1～1∶1。 52.47m

52. 绿灰至灰色中至厚层变质粗－中粒石英砂岩与灰黑色含粉砂绢云板岩互层夹深灰色变质粉砂岩薄层或条带。砂、板岩之比约为 3∶1，砂岩中见植物化石碎片 *Neocalamites* sp，底面见槽模构造，局部见较多的泥砾，板岩中见有遗迹化石。 25.54m

51. 灰色中至厚层中－粗粒石英砂岩夹灰色薄层变质石英粉砂岩，偶夹灰色变质含细砾粗粒石英砂岩。产遗迹化石：*Squamodictyon* sp.。 33.74m

50. 灰黑色含粉砂质绢云板岩夹黑灰色粉砂岩透镜体，板岩中见黑白相间的水平纹层。产丰富的遗迹化石：*Imponoglyphus* sp.，*I.* cf. *torquendus* Vralov。 10.91m

=====断　　层=====

49. 灰色厚层夹中层变质中－细粒石英砂岩夹少量灰色变质石英粉砂岩。砂岩中含较多的植物化石碎片。 12.36m

48. 灰黑色粉砂质绢云板岩夹灰色变质石英粉砂岩薄层或条带，并偶夹灰色变质中－细粒石英砂岩。砂岩具底模构造，粉砂岩中见水平层理。板岩中产丰富的遗迹化石：*Planolites* sp.，*Neonereites* sp.，*N. biserialis Seilacher*，*Phycosphon* sp.，*Paleodictyon* sp.，*Zoophycos* sp.。 113.37m

47. 灰色中层至块状变质细－中粒石英砂岩夹深灰色变质绢云粉砂岩及含粉砂绢云板岩。发育鲍马序列 Tae 段组合及 Tde 段组合。 9.45m

46. 深灰色至灰黑色绢云板岩夹深灰色变质石英粉砂岩条带。粉砂岩中见水平层理及斜层理。板岩中产遗迹化石。 8.45m

45. 灰色厚层至块状变质中－粗粒石英砂岩夹少量灰色薄层变质石英粉砂岩。砂岩底面槽模构造发育，粉砂岩中见交错层理及斜层理。 23.29m

44. 灰色厚层变质中－细粒石英砂岩与深灰－灰黑色含粉砂绢云板岩互层夹深灰色变质粉砂岩薄层(或透镜体)。砂岩中见槽模构造，粉砂岩中见交错层理，发育鲍马序列 Tae 段组合，砂、板岩之比为 1∶1～2∶1。板岩中含丰富的遗迹化石：*Paleodictyon regulare* Sacco，*P. minimum* Sacco 等。 39.56m

43. 深灰色含粉砂绢云板岩夹灰至深灰色薄层变质粉砂岩。粉砂岩中发育单向交错层理、水平层理；板岩中水平纹层发育，并含丰富的遗迹化石：*Paledictyon* sp.，*Squamodictyon* sp.。　　　　　　　　　　　　　　　　　　　　　　　　51.42m

42. 灰色厚层至块状变质含细砾粗－细粒岩屑石英砂岩夹灰至深灰色变质钙质石英粉砂岩。发育鲍马序列 Tac 段组合，其底部见约厚 80cm 的滑塌角砾岩。　　　　12.57m

41. 灰色中至厚层夹块状变质中－细粒石英砂岩夹深灰色绢云粉砂质板岩及含粉砂绢云板岩，偶夹深灰色薄层变质粉砂岩。砂、板岩之比约 8∶1，发育鲍马序列 Tabd 段及 Tbe 段组合，产植物化石：*Neocalamitis* sp.；双壳类化石：*Halobia* sp. 及丰富的遗迹化石：*Planolites* sp.，*Imponglyphus* sp.，*Vrohelminthoida* sp.。　　60.85m

40. 深灰色薄层变质石英粉砂岩与同色绢云板岩呈韵律互层，中部夹一层厚约 30cm 的灰色中层状变质细粒石英砂岩。粉砂岩中普遍发育交错层理。板岩中含丰富的遗迹化石：*Paleodictyon* sp.，*Planolites* sp.，*Chondrites* sp.，*Sublorenzinia* sp.。　　　　　　　　　　　　　　　　　　　　　　　　　　　　　　　12.54m

39. 深灰色中厚层变质中－细粒石英砂岩与深灰色含粉砂绢云板岩不等厚韵律互层，夹薄层变质石英粉砂岩。砂岩、板岩之比约 3∶1，板岩中含较丰富的遗迹化石。发育鲍马序列 Tbe 段及 Tde 段组合。　　　　　　　　　　　　　　　　　9.66m

38. 灰色厚层状变质细粒岩屑石英杂砂岩夹薄层变质含砂粉砂岩。鲍马序列发育 Tabd 段组合。　　　　　　　　　　　　　　　　　　　　　　　　　　　　　　　10.67m

37. 灰色薄板状变质绢云石英粉砂岩与深灰色粉砂质绢云板岩呈韵律互层。含丰富的遗迹化石：*Paleodictyon* sp.，*P. regulare* Sacco，*P. miocenicum* Sacco，*Planolites* sp.，*Gordia* sp.，*Imponoglyphus* sp.，*Phycodes* sp.，*Lorenzinia* sp.，*Glockeria* sp.，*Chondrites* sp.，*Helminthopsis* sp.。　　　　　　　　　12.74m

36. 灰、绿灰色薄－厚层状变质钙质细粒石英砂岩，平行层理发育，鲍马序列发育 Tab 段组合。　　　　　　　　　　　　　　　　　　　　　　　　　　　　　　　25.03m

35. 深灰色含粉砂绢云板岩夹灰色变质钙质石英粉砂岩条带，其中下部有两条花岗闪长斑岩脉侵入，板岩中产丰富的遗迹化石：*Gordia* sp.，*Chondrites* sp.，*Imponoglyphus* sp.，*I*. cf. *torquendus Vyalov*。　　　　　　　　42.47m

34. 灰色中至厚层变质中－细粒石英砂岩与深灰色含粉砂绢云板岩呈韵律互层夹灰色薄层变质钙质粉砂岩。砂、板岩之比约 1∶1。　　　　　　　　　　　25.51m

33. 灰色中至厚层变质细粒岩屑石英杂砂岩与深灰色粉砂质绢云板岩及灰色薄层变质钙质粉砂岩呈不等厚韵律互层。单个韵律厚一般为 10～90cm，砂岩、板岩之比为 3∶1～5∶1；砂岩中产植物化石：*Neocalamites* sp.。　　　　　　　63.16m

32. 深灰至灰色变质钙质石英粉砂岩与深灰色粉砂质绢云板岩韵律互层，夹灰色中层状变质细粒石英砂岩。板岩中含丰富的遗迹化石：*Paleodictyon* sp.，*P. minimum* Sacco，*Squamodictyon* sp.。　　　　　　　　　　　　　　15.55m

31. 灰色中层夹厚层变质细粒石英杂砂岩与薄至中层变质钙质石英粉砂岩及深灰色含粉砂绢云板岩呈韵律互层，单个韵律层厚一般为 30～60cm，最大达 4m。砂、板岩之比约 1∶1～2∶1，发育鲍马序列 Tabe 及 Tabde、Tce 段等组合。板岩中含丰富的遗迹化石：*Planolites* sp.，*Imponoglyphus* sp.，*I*. cf. *torquendus* Vyalor，

Hormosiroidea sp.，*Lachrymatichnus* sp.，*Gordia* sp.，*Chondrites* sp.，*Phycodes* sp.，*Helminthopsis* sp.。 51.99m

30. 灰色中至厚层变质中－细粒石英砂岩夹少量深灰色变质粉砂岩及绢云板岩。砂岩底面底模构造发育，粉砂岩多呈条带夹于板岩中。 25.90m

29. 灰色厚层夹中层变质中－细粒石英岩屑石英砂岩夹少量深灰色含粉砂绢云板岩。 34.71m

28. 灰色薄层变质石英粉砂岩与深灰色含粉砂绢云板岩互层。板岩中产遗迹化石：*Paleodictyon* sp.，*P. miocenicum* Sacco。 18.57m

27. 深灰色薄至厚层变质中－细粒石英杂砂岩与深灰色含粉砂绢云板岩互层。砂、板岩之比约为 4∶1，鲍马序列发育 Tae 段组合。 7.59m

26. 深灰色至灰黑色含粉砂绢云板岩夹深灰色变质粉砂岩薄层或条带。 6.76m

25. 黄绿灰色中层变质中－细粒石英杂砂岩与同色薄层变质石英粉砂岩及深灰色含粉砂绢云板岩呈不等厚韵律互层。发育鲍马序列 Tabce 段及 Tab 段组合。 41.05m

24. 灰色中至厚层变质细粒石英杂砂岩与同色薄层变质石英粉砂岩及深灰色含粉砂绢云板岩互层，单个韵律厚 50～300cm，砂、板岩之比为 1∶1。 31.94m

23. 灰色薄至中层变质细粒石英杂砂岩与深灰色绢云板岩互层。 36.92m

————整　　合————

上三叠统杂谷脑组（T_3z） 655.1m

20～22. 灰色厚层至块状夹薄层－中层状变质中－细粒石英杂砂岩为主，夹同色薄层变质石英粉砂岩及深灰至灰黑色含粉砂绢云板岩、绢云板岩。砂岩中大型槽模构造发育，鲍马序列发育 Tab 段及 Tabd 段组合，板岩中产遗迹化石：*Plaeodictyon* sp.。 47.29m

19. 灰色中至厚层变质细粒石英砂岩为主，偶夹深灰－灰黑色含粉砂绢云板岩。砂岩底部发育大型槽模构造。发育鲍马序列 Tab 段组合。板岩中产遗迹化石：*Chondrites* sp.，*Planolites* sp.。 40.08m

18. 灰色中至厚层变质中－细粒石英砂岩夹深灰色含粉砂绢云板岩。鲍马序列发育 Tab 段及 Tabe 段组合。 47.25m

17. 浅灰色薄－中层变质石英粉砂岩与深灰色含粉砂绢云板岩呈韵律互层，单个韵律层厚 10～30cm，粉砂岩、板岩之比约为 1∶10。发育鲍马序列的 Tce 段及 Tde 段组合，产遗迹化石：*Gordia* sp.。 21.77m

16. 灰色中至厚层变质中－细粒石英砂岩为主夹灰色粉砂质板岩。鲍马序列发育 Tabc 段组合。砂岩中偶见砾径 0.5～3cm 的同生泥质（板岩）砾石。 13.58m

15. 灰至黄绿灰色中厚层变质细粒岩屑石英杂砂岩与灰色薄层粉砂岩及深灰含粉砂绢云板岩呈韵律互层。单个韵律厚 20～50cm，砂、板岩之比 4∶1～2∶1，发育鲍马序列 Tade 段组合，含植物碎片及遗迹化石：*Fascisichuium* sp.，*Gordia* sp.，*Planolites* sp.，*Helminthopsis* sp.，*Imponoglyphus* sp.，*I. torquendus* Vralov。 100.88m

14. 灰色中至厚层变质含钙质细粒岩屑石英杂砂岩夹同色薄层变质石英粉砂岩及深灰色粉砂质绢云板岩、灰岩透镜体。砂、板岩之比为 10∶1。 7.61m

13. 灰色薄层微晶灰岩夹深灰色含粉砂绢云板岩。 6.82m

12. 灰色薄层变质石英粉砂岩与深灰色绢云板岩及粉砂质绢云板岩不等厚韵律互层，夹灰色中厚层状变质细粒石英杂砂岩。　　　　　　　　　　　　　　　　　　48.32m

11. 灰色中至厚层变质中－细粒石英砂岩夹深灰色薄层石英粉砂岩及绢云板岩和灰色微晶灰岩(透镜体)，砂、板岩之比约 5:1，产遗迹化石：*Paleodictyon* sp.。　　39.80m

10. 灰色中层夹厚层变质细粒石英砂岩与深灰色含粉砂绢云板岩呈不等厚韵律互层。单韵律厚一般为 30～60cm，鲍马序列主要发育 Tae 段及 Tabe 段组合。　　　69.96m

9. 灰至深灰色厚层－块状夹薄及中层变质中－细粒石英杂砂岩夹深灰色炭质绢云板岩及滑塌角砾岩。鲍马序列发育 Tabd 段组合。　　　　　　　　　　　　　　91.38m

8. 灰色薄层微晶灰岩，层间夹 1～5cm 的深灰色绢云板岩。　　　　　　　　　5.63m

7. 灰色薄至中厚层变质细粒石英杂砂岩与深灰色粉砂质绢云板岩呈不等厚互层。单韵律层厚一般 15～45cm，砂、板岩之比约为 3:1，发育鲍马序列 Tad 段及 Tbe 段组合，含植物碎片化石。　　　　　　　　　　　　　　　　　　　　　　90.78m

6. 灰色薄至中层微晶灰岩夹同色厚层变质钙质含砂粉砂岩及深灰色绢云板岩。　12.49m

5. 灰色薄至中层夹厚层变质中－细粒石英砂岩夹深灰色绢云板岩及变质粉砂岩薄层。砂、板岩之比 8:1～5:1，发育鲍马序列 Tabde 段组合，含植物碎片化。未见底。
　　　　　　　　　　　　　　　　　　　　　　　　　　　　　　　>5.75m

2. 壤塘县南木达乡曼迪上三叠统新都桥组(T₃xd)实测地层剖面(图 2-2)

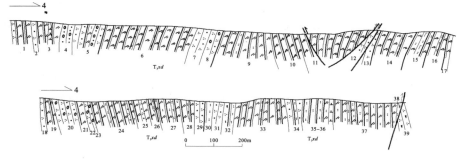

图 2-2　壤塘县南木达乡曼迪上三叠统新都桥组(T₃xd)地层剖面图

上三叠统新都桥组(T₃xd)未见顶　　　　　　　　　　　　　　>2573.8m

39. 浅灰色、黄灰色中－薄层变质中－细粒变质岩屑砂岩夹灰黑色粉砂质板岩或与之互层。　　　　　　　　　　　　　　　　　　　　　　　　　　　　　17.51m

══断　　层══

38. 灰色、浅灰色中－厚层变质中－细粒碎裂状石英杂砂岩、石英砂岩，偶夹灰黑色粉砂质板岩。　　　　　　　　　　　　　　　　　　　　　　　　　18.34m

37. 灰黑色粉砂质绢云板岩夹少量灰色粉砂岩条带。条带宽 0.5～2cm，发育平行层理，微细波状层理。发育鲍马序列 Tde 段组合。含海百合茎化石。　　　　253.12m

35～36. 灰黑色绢云粉砂质板岩与浅灰、黄灰色变质粉砂岩条带呈不等厚韵律互层。发

育水平层理，鲍马序列为 Tcde 段组合。底部有微粒闪长岩侵入。　　　78.24m

34. 灰绿、浅灰色厚层－块状变质中－粗粒石英砂岩，灰、黄灰色薄层粉砂岩夹少量黑
    色粉砂质板岩。砂岩底面见底模构造，含植物碎片。　　　72.45m

33. 灰黑色绢云板岩，偶夹灰色粉砂岩条带。具斜层理及密集水平层理。发育鲍马序列
    Tcd 段和 Tcde 组合。含双壳类：*Halobia* sp.，*H*. cf. *yandngensis* Chen，*H*.
    miesenbachensis Kittl，*H*. cf. *charlyana* Moisisovics，*Modioliis weiyuanensis* Gu；
    环节动物：*Daofuites clauates* Lin et Yong；海百合茎：*Traumatocrinus hsui* Mu，
    T. uniformis Mu，*T*. cf. *hsui* Mu 及植物化石碎片。　　　181.17m

32. 灰色中至薄层变质细粒岩屑石英杂砂岩与灰黑色粉砂质板岩韵律互层。含双壳类：
    Halobia sp. 及遗迹化石 *Helminthopsis* sp.。　　　34.14m

31. 灰、灰绿色中至厚层及块状变质中－细粒石英砂岩、薄层粉砂岩，底部夹少量灰黑
    色绢云板岩，砂岩与粉砂岩、板岩之比约为 5：3：1。砂岩底面发育重荷模，板岩
    中含海百合化石。　　　35.91m

30. 灰黑色粉砂质板岩夹灰色粉砂岩条带。板岩中发育水平纹层，粉砂岩中见小型波状
    层理。由下至上、粉砂岩与板岩之比由 1：4 渐变至 1：2。发育鲍马序列 Tcde 段及
    Tce 段组合。含遗迹化石：*Chondrites* sp 及植物化石碎片。　　　32.74m

29. 灰色中厚层至块状变质细－中粒石英砂岩夹灰黑色中层滑塌角砾岩。角砾岩共夹有
    3 层，砂岩与角砾岩之比约 7：1。　　　37.25m

28. 黑色绢云板岩，夹极少量灰黑色透镜状粉砂岩。含双壳类化石：*Halobia* sp.，*H*.
    cf. *styriaca*（*Mojsisovics*），*H*. *comatoides* Yin；腹足类：*Worthena* sp.；海百合茎
    化石：*Traumatocrinus* sp.，*T. hsui* Mu 及植物碎片和遗迹化石。　　　46.07m

27. 黑色粉砂质绢云板岩夹少量深灰色条带状或透镜状泥质岩。含海百合茎化石：
    Traumatocrinus hsui Mu 及遗迹化石。　　　82.04m

26. 灰黑色粉砂质板岩夹灰、灰黑色粉砂岩透镜体。　　　27.78m

25. 浅灰色、灰色及灰黑色绢云板岩夹灰色、灰绿色中至薄层变质细粒石英砂岩。砂岩
    中具小型波状交错层理。　　　59.95m

24. 灰、深灰色绢云板岩、灰黑色粉砂质板岩夹粉砂岩条带。板岩中发育水平层理，粉
    砂岩中具小型波状交错层理。发育鲍马序列 Tede 段组合，含植物碎片。　　　134.77m

23. 灰色中至厚层细砾岩、变质含砾细－中粒石英砂岩，夹少量灰黑色粉砂质绢云板岩。
    细砾岩中砾石成分主要有石英、粉砂岩、泥质岩等，砾径 2～5mm，含量 40％左右，
    磨圆度较好；砂岩单层厚 20～70cm，底面具重荷模，板岩夹层厚 5～10cm。　12.07m

22. 灰色中至厚层变质含砾中－细粒石英砂岩、细砾岩。砂岩中含有丰富的植物碎片。
    　　　9.39m

21. 灰色中厚层变质含砾中－粗粒石英砂岩及少量灰色粉砂质绢云板岩，夹厚约 1m 的
    滑塌角砾岩，砂岩底面发育重荷模。砂、板岩之比约 6：1。　　　27.15m

20. 灰色中厚层变质（含砾）不等粒石英砂岩。砾石成分主要有石英岩、泥质岩等，砾径
    2～4mm，大的泥砾为 10×12cm，次圆状，含量 10％～20％，其间发育粒序层理。
    　　　79.38m

19. 深灰色粉砂质绢云板岩夹极少量灰色粉砂岩条带，条带宽 1～2cm，板岩中见水平层

　　理。　　　　　　　　　　　　　　　　　　　　　　　　　　　　　28.82m

18. 灰色中至厚层变质中－细粒石英砂岩，含少量植物化石碎片。　　　　6.63m

17. 灰、深灰色绢云板岩夹灰色钙质粉砂岩条带及粉晶灰岩透镜体。粉砂岩中发育小型
　　波状层理及斜层理，含海百合茎化石。　　　　　　　　　　　　　11.05m

16. 深灰、灰黑色绢云板岩夹极少量变质粉砂岩条带。　　　　　　　　35.07m

15. 深灰色粉砂质绢云板岩夹灰色变质钙质石英粉砂岩条带或与之互层。粉砂岩中发育
　　小型波状交错层理。具鲍马序列 Tce 段组合。　　　　　　　　　　47.04m

14. 灰黑色绢云板岩夹少量灰色粉砂岩条带。含双壳类化石：*Halobia puradiata* Reed，
　　H. cf. *yunnanensis* Reed，*H*. *convexa* Chen，*H*. *jomdaensis* Zhang，*Halobia*
　　sp.，*Posidonia* sp.；环节动物：*Daofuites* sp. 及遗迹化石等。　　134.0m

13. 灰色厚层至块状变质中粒石英砂岩，发育重荷模。　　　　　　　　6.95m

══断　　层══

12. 灰色中厚层至块状石英砂岩。　　　　　　　　　　　　　　　　　15.65m

══断　　层══

11. 灰色绢云板岩夹灰色粉砂岩条带或透镜体。发育鲍马序列 Tce 段组合。　212.81m

10. 灰色绢云板岩夹灰黑色薄层含粉砂泥晶灰岩，含海百合茎化石。　　　82.63m

9. 灰黑色绢云板岩、含粉砂绢云板岩及粉砂质板岩。含粉砂绢云板岩中发育微细水平层
　　理，粉砂质板岩中发育小型波状交错层理，鲍马序列为 Tce 段及 Tcde 段组合。

　　　　　　　　　　　　　　　　　　　　　　　　　　　　　　　120.76m

8. 灰色厚层至块状变质（含砾）中－细粒石英砂岩，底部为灰色细砾岩。含海百合茎化
　　石：*Traumatocrs kueichouensis* Mu。　　　　　　　　　　　　27.95m

7. 灰色厚层至块状变质中至细粒石英砂岩，发育底模构造。　　　　　36.89m

6. 灰黑色绢云板岩夹灰黑色粉砂岩条带。粉砂岩中发育波状交错层理及对称波痕；板岩
　　中可见水平层理。含丰富的双壳类化石：*Halobia* sp.，*H*. *pluriradiata* Reed，*H*.
　　cf. *Plurijradiata Reed*，*H*. cf. *yunnanensis Reed*，*H*. *convexa* Chen，*H*.
　　rugosoides Hsu，*H*. *austriaca* Mojsisovica，*H*. *disperseinsecta* Kittl，*H*. aff.
　　pluriradiata Keed，*Posidonia* sp.，*P*. *gemmellaroi*（*Lorenzo*），*P*. *wengensis*
　　Wissmann，*P*. *wangdaensis* Zhang 及海百合茎化石：*Traumatocrinus* sp.。290.68m

5. 灰色薄层变质细粒石英砂岩夹灰黑色粉砂质绢云板岩，上部夹厚约 10m 的厚层至块
　　状细砾岩，含砾粗粒石英砂岩。　　　　　　　　　　　　　　　　93.32m

4. 黄灰色中厚层细砾岩、（含砾）粗粒石英砂岩，偶夹灰黑色粉砂绢云板岩。含海百合茎
　　化石。　　　　　　　　　　　　　　　　　　　　　　　　　　　32.69m

3. 灰色绢云板岩夹粉砂岩条带。板岩中发育水平层理，条带宽 3~4cm。　80.36m

2. 灰色中厚层至块状变质中粒石英砂岩夹少量灰色薄层粉砂岩。砂岩底面发育重荷模，
　　粉砂岩中发育交错层理。含植物化石碎片。　　　　　　　　　　　20.72m

1. 上部灰黑色绢云板岩夹极少量灰色微晶灰岩条带。板岩中多发育水平层理，灰岩条带
　　宽 1~3cm，具小型交错层理，具鲍马序列 Tcd 段组合。含双壳类化石：*Halobia* sp.

及海百合茎化石：*Traumatocrinus hsui* Mu。中部灰色中层变质细粒石英砂岩与灰色粉砂质绢云板岩互层。底为灰色中厚层－块状变质中－粗粒岩屑石英砂岩，底面发育重荷模。未见底。　　　　　　　　　　　　　　　　　　　　　　　　　　　>49.77m

3. 壤塘县金木达日基沟侏倭组（T₃zw）—新都桥组（T₃xd）实测地层剖面（图 2-3）

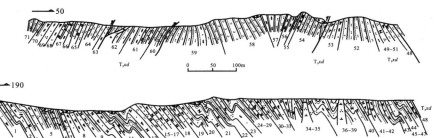

图 2-3　壤塘县金木达日基沟侏倭组（T₃zw）—新都桥组（T₃xd）地层剖面图

上三叠统新都桥组（T₃xd）未见顶　　　　　　　　　　　　　　　　>1097.2m

71. 灰黑色粉砂质板岩夹灰色薄层粉砂岩。　　　　　　　　　　　　　31.33m
70. 灰色薄层变质粗粒岩屑杂砂岩与黑色粉砂质板岩互层。砂岩底面发育勾状、瘤状槽模。　　　　　　　　　　　　　　　　　　　　　　　　　　　　　48.93m
69. 浅灰色中到厚层变质中粒石英杂砂岩夹灰色薄层粉砂岩，砂岩底面发育槽模。
　　　　　　　　　　　　　　　　　　　　　　　　　　　　　　　14.87m
68. 灰色厚层变质粗粒岩屑杂砂岩，砂岩中见有粒序层理。砂岩底面发育槽模。　17.31m
67. 灰色厚层变质含砾石英杂砂岩夹少量深灰色薄层粉砂岩。　　　　　　33.56m
66. 灰黑色粉砂质板岩夹灰色透镜状粉砂岩，透镜体大小 3cm×5cm～5cm×15cm。
　　　　　　　　　　　　　　　　　　　　　　　　　　　　　　　22.59m
65. 灰色厚层变质石英砂岩，间夹厚近 1m 的砂岩与板岩的混杂堆积，具有正粒序层理，底部为变质含砾粗粒石英砂岩，向上递变为细－粉砂岩，砾石大小不一。砂岩底面发育大小悬殊的重荷模。　　　　　　　　　　　　　　　　　　　　28.69m
64. 灰黑色薄层粉砂岩，底面发育槽模。　　　　　　　　　　　　　　79.53m
63. 灰色中层变质粗粒石英杂砂岩。　　　　　　　　　　　　　　　　12.57m

═════ **断　　　层** ═════

62. 深灰色粉砂质板岩夹灰黑色炭质板岩，本层有闪长玢岩侵入，含海百合茎化石，并产遗迹化石：*Neuirodictyon* sp.。　　　　　　　　　　　　　　110.02m
61. 黄褐及青灰色泥质板岩夹黑色炭质板岩及灰色薄层变质石英砂岩、杂砂岩，中部有石英闪长玢岩脉顺层侵入。　　　　　　　　　　　　　　　　　　　36.60m
60. 黑色含炭粉砂质板岩夹灰色薄层变质中－细粒石英杂砂岩及透镜状粉砂岩。板岩中含遗迹化石：*Squamodictyon* sp.，*Chondrites* sp.，*Planolites* sp.，*Torrowaumgea* sp.，*Lophoctenium* cf. *comacunm* Richter，*Cosmnorhaphe* sp.，*Arthrophycus* sp.，*Didymaulichnus* sp.，*Paleodictyon* sp.，*Hormosiroidea* sp.。　　　　　9.5m

====断　　层====

59. 灰－青灰色粉砂质板岩与青灰色泥质板岩互层，夹黑色炭质板岩及少量灰色薄层粉
　　砂岩、厚层粗粒杂砂岩。板岩中含遗迹化石：*Helminthocda* sp.，*Dendrotichnium*
　　sp.，cf. *Bostricophyton* sp. 及双壳类化石：*Halobia* cf. *pluriradiata* Reed，
　　Halobia convexachen，*H.* sp.，*Pasidonia* sp.。　　　　　　　　　　94.06m

58. 黑色炭质板岩，含遗迹化石：*Phyodes* sp.，*Planolites* sp.，*Helminthoida* sp.。

　　　　　　　　　　　　　　　　　　　　　　　　　　　　　　　　94.88m

57. 灰色绢云板岩。　　　　　　　　　　　　　　　　　　　　　　　　　60.04m

56. 深灰－灰黑色粉砂质板岩、绢云板岩夹灰黑色薄层粉砂岩及灰色薄层变质中细粒石
　　英杂砂岩。　　　　　　　　　　　　　　　　　　　　　　　　　　　113.10m

55. 灰色厚层变质中粗粒岩屑杂砂岩，中部为灰色中层变质中粒岩屑杂砂岩，夹黑色粉
　　砂质板岩，下部为灰色薄层变质粗粒岩屑杂砂岩夹灰黑色粉砂质板岩。　　9.67m

54. 灰－灰黑色粉砂质板岩夹灰色薄层粉砂岩和浅灰色细粒岩屑长石杂砂岩，含遗迹化
　　石：*Phycodes* sp.，*Planolites* sp.。　　　　　　　　　　　　　　55.96m

====断　　层====

53. 灰－灰黑色薄层粉砂岩夹灰色薄层或条带状变质中－细粒岩屑长石杂砂岩及灰黑色
　　粉砂质板岩和炭质板岩，粉砂岩中发育微交错层理、水平层理。板岩中含遗迹化石：
　　Hormosiroidea sp.。　　　　　　　　　　　　　　　　　　　　　39.16m

52. 青灰－灰色粉砂质板岩夹灰色薄层粉砂岩和细粒岩屑长石砂岩条带。本层有灰绿色
　　闪长玢岩侵入。板岩中产双壳化石：*Halobia* sp.；遗迹化石：*Ovatiichnus* cf.
　　aliensis Ysng，*Rhabdoichnum* sp.，*Helicoichus* sp.。　　　　　91.57m

51. 灰色、灰绿色中厚层至厚层泥质粉砂岩，发育水平层理。　　　　　　　33.75m

50. 灰色中厚层变质中粗粒岩屑杂砂岩。　　　　　　　　　　　　　　　　13.28m

49. 灰色薄层石英长石砂岩夹灰色粉砂质板岩。　　　　　　　　　　　　　8.07m

48. 暗绿色薄层粉砂岩夹灰黑色粉砂质板岩，粉砂岩中发育水平层理，板岩内含海百合
　　茎化石。　　　　　　　　　　　　　　　　　　　　　　　　　　　15.12m

——整　　合——

上三叠统侏倭组（T₃*zw*）　　　　　　　　　　　　　　　　　　　>4323.6m

47. 灰色中层变质中粗粒岩屑杂砂岩夹少量灰色粉砂质板岩及灰色薄层粉砂岩，粉砂岩
　　发育水平层理。　　　　　　　　　　　　　　　　　　　　　　　　37.55m

46. 灰色粉砂质板岩。含遗迹化石：*Megagrapton* sp.，*Arthrophycus* sp.，
　　Arthrophycus sp.，*Imponglyphus* sp.。　　　　　　　　　　　　35.83m

45. 灰色薄至中层变质粗粒长石岩屑砂岩。　　　　　　　　　　　　　　　53.11m

44. 灰色粉砂质板岩夹灰色中至厚层变质细－中粒岩屑杂砂岩及少量灰色薄层变质细粒
　　岩屑杂砂岩、灰色粉砂岩。　　　　　　　　　　　　　　　　　　　103.77m

43. 灰色薄－中厚层变质中粒岩屑石英杂砂岩、长石岩屑杂砂岩夹灰黑色粉砂质板岩。

板岩内产遗迹化石：*Paleodictyon paraimperfectum* Song，*P*. cf. *ngariensis* Song，
P. *strozzii* Sacco，*Planolites* sp.，*Paleodictyon minmum* Sacco，*Zoophycos* sp.。

　　　　　　　　　　　　　　　　　　　　　　　　　　　　　　　　　　　　76.81m

42. 灰色薄层粉砂岩与灰色粉砂质板岩互层，粉砂岩中发育水平层理，微交错层理，板
岩内含遗迹化石：*Squamodictyon* sp.，*S*. *petaloideum* Seilacher。　　119.35m

41. 灰色厚层中粒岩屑长石砂岩夹少量灰色粉砂质板岩。　　　　　　　　　89.84m

40. 灰色薄至中层变质粗－中粒长石岩屑砂岩与灰色粉砂质板岩不等厚互层。板岩内含
遗迹化石：*Paleodictyon* sp.，*P*. *minimum* Sacco，*Plsnolites* sp.，*Phycodes* sp.
Imponglyphus sp. *P*. *miocenicum* Sacco，*P*. *minimum* Sacco。　　185.38m

39. 灰黑色含炭粉砂质板岩。　　　　　　　　　　　　　　　　　　　　128.80m

38. 灰色薄至中层变质中细粒岩屑石英杂砂岩夹少量灰色粉砂质板岩。砂岩底面发育槽
模，见水平层理及微交错层理。板岩内含遗迹化石：*Planolites* sp.，*Paleodictyon*
majue Mnenghaini，*P*. *regulsre* Sacco，*P*. cf. *paraimperfectum* Song，*Phyeosiphon*
sp.，*Neurodictyon* cf. *shanxiensis* Li。　　　　　　　　　　　　　　14.51m

37. 灰色中层变质中粒长石岩屑杂砂岩与灰色粉砂质板岩互层。砂岩底面发育槽模，板
岩内含遗迹化石：*Chondrites* sp.，*Monomorphichnus* sp.，*Planilites* sp.，
Ovatiichnum sp.，*Phycosiphon* sp.，*P*. *circinatum* Richter，*Paleodictyon* sp. *P*.
minimum Sacco，*P*. *miocenicum* Sacco。　　　　　　　　　　　　　95.52m

36. 灰色薄层变质中细粒岩屑石英杂砂岩、灰色薄层粉砂岩与灰色粉砂质板岩互层。砂、
板岩比例约为 3：1。板岩内含遗迹化石：*Paleodictyon miocenicum* Sacco，*P*.
minimum Sacco，*Phycosiphon* sp.。　　　　　　　　　　　　　　175.45m

35. 灰色薄层粉砂岩、灰色薄层变质中粒岩屑杂砂岩与灰黑色含炭粉砂质板岩互层。砂、
板岩比例约为 1：2。本层有岩脉侵入。板岩内含遗迹化石：*Paleodictyon* sp.，*P*.
baxiensis Yang，*P*. *minimum* Sacco，*P*. *miocenicum* Sacco，*Nereites* sp.，
Cosmorhaphe sp.，*Planolites* sp.。　　　　　　　　　　　　　　　331.78m

34. 灰色中厚层变质中粒长石岩屑杂砂岩夹少量灰黑色含炭粉砂质绢云母板岩、灰色粉
砂质板岩。板岩内含遗迹化石：*Phycodes* sp.，*Cosmorhaphe* sp.，*Chondrites* sp.。

　　　　　　　　　　　　　　　　　　　　　　　　　　　　　　　　188.17m

33. 灰色中至厚层变质中粒岩屑石英杂砂岩夹灰黑色砂质板岩。板岩内含遗迹化石：
Paleodictyon sp.，*P*. *minimum* Sacco，*Planoties* sp.，*Gordia* sp.，*Oscillohaphe*
sp.，*Phycosiphon* sp.，*P*. *incerturn* Von Fischer，*Nereites* sp.，*Cosmorhsphe* sp.。

　　　　　　　　　　　　　　　　　　　　　　　　　　　　　　　　42.65m

32. 灰色薄－中层状变质中粗粒岩屑杂砂岩与灰白色粉砂质板岩、灰黑色含炭绢云板岩
互层。板岩中含遗迹化石：*Squhamodictyon* sp.，*Paleodictyon minimum* Sacco，*P*.
miocenicum Sacco，*Haentzschelinia* sp.。　　　　　　　　　　　　24.9m

31. 灰色薄至中层变质中细粒岩屑长石杂砂岩夹少量灰色粉砂质板岩。板岩内产遗迹化
石：*Chondrites* sp.，*Planolities* sp.，*Imponglyphus* sp.。　　　　　24.94m

30. 灰色中至厚层变质中粒岩屑石英杂砂岩夹灰白色、灰色粉砂质板岩。砂岩底面发育
槽模。板岩内含遗迹化石：*Neorereites biserialis* Seilacher，*Chondrites* sp.，cf.

Gyrichnites sp. , *Neonereites* sp. , *Planolites* sp. , *Osciillorhaphe* sp. , *Megagrapton irregulare* Ksiazkiewicz, *Megagrapton* sp. , *Haentzscheliniu* sp. , *Phycodest* sp. , *P. circinatum* Richter, *Imponglyphus* cf. *torquendus* Vgalor, *Imponoglyphus* sp. , *Phycodes* Pedum seilacher, cf. *Lophctenium* sp. , *Phycosiphon* sp.   32.27m

29. 灰色中至厚层变质中粒长石岩屑砂岩。   64.76m

28. 灰色薄层变质中粗粒长石岩屑砂岩夹灰黑色粉砂质板岩。砂、板岩比例约为 2 : 1。板岩中含遗迹化石：*Ovatiichnum* sp. , *Helminthopsis* sp. , *Gordia* sp. , *Costmorhaphe* sp. , *Phycosiphon* sp. , *Lophoctenium* sp. , *Planolites* sp. , *Nereites* sp. , *Phycodes circinatum* Richter。   55.85m

27. 灰色中至厚层变质中粗粒长石岩屑杂砂岩夹少量灰黑色粉砂质板岩。砂、板岩比例约为 3 : 1。板岩中含遗迹化石：*Paleodictyon regulare* Sacco, *Planolites* sp.。   116.75m

26. 灰黑色粉砂质板岩夹灰色薄层变质细粒岩屑杂砂岩。砂岩中发育平行层理，微交错层理。砂岩与板岩构成极为规则的韵律层，每个韵律层厚 10~20m。板岩中含遗迹化石：*Zoophycos* cf. *circinatum*(Brongniart), *Paleodictyon* sp. , *Planolites* sp. , *Helminthopsis* sp. , cf. *Ovatiichaum* sp. , *Chondrites* sp. , *Urohelminthoida* sp. , *Granularia* sp. , *Phycodes circinatum* Richter, *Paleodictyon minimum* Sacco。   23.12m

25. 灰色中至厚层变质中粒岩屑长石杂砂岩。   60.28m

24. 杂色粉砂质板岩与灰色薄至中层变质中粒岩屑杂砂岩互层。板岩中含遗迹化石：*Urohelminthoida* sp. , *Phiycosiphon* sp. , cf. *Treptichnus* sp.。   12.93m

23. 灰色中至厚层变质中粒岩屑石英杂砂岩夹少量灰色粉砂质板岩。   35.06m

22. 灰－灰黑色粉砂质板岩与灰色薄层变质中粗粒长石岩屑杂砂岩互层，砂岩中含植物碎片，板岩中含遗迹化石：*Macanopsis* sp. , *Cosmorhaphe* sp. , *Didymaulichnus* sp. *Planolites* sp. , *Neonereites* cf. *biserialis* Seilacher, *N. uniserialis* Seilacher, *Paleodictyon* sp. , *P. regulare* Sacco, *P. strozzii* Meneghini. , *P. miicenicum* Sacco, *P. minimum* Sacco, *Ovatiichmum* sp. , *Lennea* sp. , cf. *Impomoglyphus* sp. , *Chondrites* sp. , *Phycosiphon* sp。   67.20m

21. 灰色中层变质中细粒长石岩屑砂岩、灰色粉砂岩夹灰色、灰黑色粉砂质板岩，粉砂岩中发育交错层理。   273.24m

20. 灰白色薄－中厚层变质中粒长石石英杂砂岩、岩屑杂砂岩夹灰黑色含炭粉砂质板岩、粉砂质板岩。板岩中含遗迹化石：*Planolites* sp. , *Chondrites* sp. *Helminthoida* sp. , *Helicoichnus* sp. , *Paleodictyon* sp. , *Cosmorhaphe* sp. , *Helminthopsis* sp. , *Neurodictyon* sp.。   85.95m

19. 本层被覆盖，推测为砂岩。   25.66m

18. 灰色薄层变质中粒岩屑长石砂岩夹少量灰白色粉砂质板岩。板岩中含遗迹化石：*Paleodictyon minimum* Sacco, *P. miocenicum* Sacco, *P. regulare* Sacco, *P.* cf. *regulare* Sacco, *P. baxiensis* Yang, *Paleodictyon* sp. , *Squamodictyon* sp. , *S. petaloideum* Seilaher, *Neurodictyon* sp.。   12.59m

17. 灰色薄层变质中细粒长石岩屑砂岩。   156.06m

16. 灰色中层变质中粗粒长石石英砂岩。   69.05m

15. 灰色中层变质中细粒长石石英杂砂岩与灰色、灰黑色粉砂质板岩互层。板岩中含遗迹化石：*Planolites* sp. , *Nereites* sp. , *Arthrophycus* sp. 。　　　　5.92m

14. 灰黑色含炭粉砂质板岩夹少量灰色薄层变质中细粒岩屑杂砂岩、灰色薄层粉砂岩。粉砂岩中发育交错层理。板岩中含遗迹化石：*Phycodes* sp. 。　　　　89.90m

13. 灰色薄至中层变质中粒岩屑长石砂岩、岩屑杂砂岩夹灰黑色粉砂质板岩。砂板岩比例约为 3：1。板岩中含遗迹化石：*Helicorhaphe* sp. , *Beaconichnus* cf. *darwinum* (Gevers), *Imponoglyphus* cf. *torquendus* Vyalow. , *Paleodictyon minimum* Sacco. , *Glockeria* cf. *sparsiostata* Ksiazkiewicz, *Helminthepsis* sp. 。　　　　246.50m

12. 灰色薄层至中层变质中粒长石石英砂岩、岩屑砂岩及薄层粉砂岩夹灰色粉砂质板岩。板岩中含遗迹化石：*Ovatiichnum* sp. 。　　　　162.83m

11. 本层被覆盖，推测为灰色变质中粒岩屑杂砂岩。　　　　127.39m

10. 灰色薄至中层变质细粒长石岩屑砂岩夹少量灰色、深灰色粉砂质板岩。　　　　43.16m

9. 灰色薄至中层变质细粒岩屑石英杂砂岩夹深灰色粉砂质板岩。砂、板岩比例约为 4：1。　　　　73.94m

8. 被浮土覆盖，推测为灰色变质中粒岩屑杂砂岩夹板岩。　　　　195.6m

7. 灰色中层变质中细粒岩屑石英砂岩夹少量灰黑色粉砂质板岩。　　　　65.35m

6. 灰白色薄层变质中细粒长石岩屑砂岩与灰黑色粉砂质板岩互层。　　　　6.98m

5. 灰色薄至中层变质细粒岩屑石英砂岩夹少量灰黑色粉砂质板岩。板岩内含遗迹化石：*Imponoglyphus* cf . *torquendus* Vyalov。　　　　325.72m

4. 灰黑色粉砂质板岩夹少量灰色薄层变质细粒长石石英杂砂岩。板岩含遗迹化石：*Ovatiichnum* sp. , *Plandites* sp. , *Helicorhaphe* sp. , *Chondrites* sp. , *Asterichnus* sp. , *Sagittichnus* sp. 。　　　　14.36m

3. 灰色薄至中层变质中粒长石岩屑杂砂岩夹少量灰黑色炭质粉砂质板岩。　　　　72.51m

2. 灰色炭质粉砂质板岩。含遗迹化石：*Paleodictyon strozzii* Meneghini, *Squamodictyon* sp. , *Helicoichnus* sp. , *Helminthoida* sp. , *Cosmorhaphe* sp. , *Plandites* sp. 。　　　　12.81m

1. 灰黑色炭质板岩与灰色中层变质中粒岩屑杂砂岩互层。未见底。　　　　>73.42m

杂谷脑组（T_3z）：岩性为灰色中厚层－块状变质岩屑长石杂砂岩、长石石英杂砂岩、石英细砂－粉砂岩夹粉砂质板岩，局部可见含砾杂砂岩。岩性在纵向上略显其两分性，下部为以灰－深灰色中－厚层及块状石英砂岩、岩屑石英砂岩、岩屑石英杂砂岩为主与粉砂岩及灰－灰黑色板岩构成的韵律，部分地段夹有微晶灰岩薄层或透镜体。砂岩中发育粒序层理、平行层理，砂岩底面常见槽模及底模构造。粉砂岩常见的沉积构造为小型交错层理及水平层理。部分砂岩中含有较多的植物化石碎片。上部为灰色中－厚层及块状变质中－细粒石英砂岩、粗－中粒石英砂岩、石英杂砂岩、细粒岩屑石英杂砂岩夹少量灰色薄层变质粉砂岩、石英粉砂岩及灰黑色绢云板岩和粉砂质绢云板岩。砂岩底面常见重荷模，其间发育粒序层理及平行层理，粉砂岩中发育小型交错层理及水平层理，多数地段不显鲍马序列，板岩中含遗迹化石：*Paleodictyon*、*Chondrites*。

　　侏倭组(T₃*zw*)：岩性为一套中－中厚层状细粒－中粒长石岩屑砂岩、岩屑石英杂砂岩、岩屑杂砂岩、石英砂岩与深灰－灰黑色粉砂质绢云板岩或炭质绢云板岩组成的韵律互层，以砂岩居多，砂/板岩比例在 2：1～1：1。砂、板岩组成的韵律厚度变化较大，一般在 50～100m，韵律下部为中－中厚层状细－中粒砂岩与薄层板岩单调互层，构成经典浊积岩，发育不同类型的鲍马序列，砂岩中发育粒序层理、平行层理；底面常见沟模、槽模及重荷模等，有的砂岩及粉砂岩中含较丰富的植物碎片。韵律上部为一套板岩为主夹薄层砂岩的岩石组合，是韵律下部砂质叶体停止沉积后沉积的细粒物质，板岩中可见毫米级水平纹层。板岩及粉砂岩中含较丰富的遗迹化石，其遗迹化石组合有 *Helminthopsis-Paleodictyon*，*Paleodictyon-Nereites*，*Megagrapton-Imponoglyphus*，*Paleodictyon-Phycosiphon*，*Megagrapton-Helminthoida*，*Chondrites*，*Paleodictyon-Imponoglyphus*；中上部产海百合茎：*Traumatocrinu* sp.；环节动物：*Daofuites clauatus*；双壳类化石：*Halobia yunnanensis*，*H. pluriradeata*，*H. convexa*，*Posidnia* sp. 等。

　　新都桥组(T₃*xd*)：岩性为灰－灰黑色粉砂质板岩、粉砂质绢云板岩、绢云板岩、炭质绢云板岩夹少量灰色中厚层－块状变质岩屑石英杂砂岩、岩屑石英砂岩、长石岩屑砂岩、含细砾石英砂岩及细砾岩透镜层和粉砂岩薄层或透镜体，以及滑塌角砾岩。砂岩发育粒序层理、平行层理及斜层理，底面常见沟模、槽模及重荷模等。粉砂岩中常见发育小型交错层理，中上部有的板岩中毫米级水平纹层极为清晰。新都桥组含以 *Halobia yunanensis* Reed，*H. Pluriradiata*，*H. rugosa*. Hus. 为代表的双壳类；海百合茎：*Traumatocrinus* Hsui，*T. kneichouemsis*，*T. uniformis*；环节动物：*Daofuites clauatus*；及遗迹化石：*Megagrapton-Helminthoida* 组合等。

二、浊积岩系的时代

　　双壳类化石是整个巴颜喀拉海槽中－上三叠统地层中的主要化石门类，分布广，数量也较多。本区双壳类化石主要产于新都桥组之中，在杂谷脑组和侏倭组中有零星分布。

　　双壳类化石在本区有 *Halobia* 和 *Posidonia* 两个属，本次研究在南木达嘎阿玛剖面侏倭组中采获的双壳类化石有 *Halobia* sp.。1：20 万南木达幅(1986)区域地质调查中，在该剖面侏倭组上部采获有 *Halobia yunnanensis*，*H. pluriradeata*，*H. convexa* Chen，*H.* sp.，*Posidonia* sp. 等；在曼迪以南约10km 的公路旁，侏倭组上部绢云板岩中采获双壳类化石 *Halobia yunnanensis* Reed，*H. pluriradiata* Reed，*H. convexa* Chen，*H.* sp. 及 *Posidonia* sp. 等。1：20 万色达幅(1984)区域地质调查中，在上杜柯日基沟沟尾侏倭组中曾采获双壳类化石 *Halobia* cf. *ornatissima* Smith，*H. yandongensis* Chen。本次研

究在南木达绒尔苟—曼迪剖面新都桥组采获有双壳类 *Halobia yunnanensis*，*H. pluriradiata*，*H. austriaca* Mojsisovics，*H. disperseinsecta* Kittl，*H. jomdaensis* Zhang，*H. convexa* Chen，*H. rugosoides* Hsu 及 *Posidonia gemmellaroi*（Lorenzo），*P. wangdaensis* Zhang，*P. wengensis* Wissman 等。在上杜柯日基沟剖面新都桥组采获双壳类化石：*Halobia* cf. *pluriradiata* Reed，*H. convexa* Chen，*H. sp.* 和 *Posidonia* sp. 等。1∶20 万色达幅（1984）区域地质调查曾在本区新都桥组采获双壳类化石：*Halobia austriaca* Mojs，*H.* cf. *austriaca* Mojs，*H. rugosa* Gumbel，*H. convexa* Chen，*H.* cf. *convexa*，*H.* cf. *yunnanensis* Reed，*H.* cf. *pluriradiata* Reed 等。

侏倭组、新都桥组中含有西南地区卡尼阶双壳标准化石带 *Halobia pluriracliata-H. rugosides* 组合的主要分子，如：*Halobia pluriradiata*，*H. rugosoides*，*H. convexa*，*H. austriaca*，*H. rugosa*，*H. yunnanensis* 等。这些化石均是西南地区云南保山、剑川，四川雅江、侏倭、新龙、唐克及松潘等地晚三叠世卡尼期的重要分子，上述种也是越南、中南半岛、西欧等地卡尼期的常见分子。根据上述地层所采双壳化石，将本区赋矿的侏倭组、新都桥组归为晚三叠卡尼期。

第二节　浊积岩系的沉积环境分析

若尔盖地块三叠纪以来是巴颜喀拉浊流复理石海盆的一部分。巴颜喀拉三叠纪海盆是世界上罕见的浊积盆地之一，以发育海底扇沉积为特征。本次研究，通过系统的地层剖面测制，收集沉积相标志、遗迹化石，重点观察鲍马序列、岩性组合变化特征，按照 Walker 的浊积岩岩相划分方案及海底扇模式，进行浊积岩岩相划分及赋矿地层的沉积环境分析，探讨沉积环境与金矿成矿作用之间的关系。

一、浊积岩岩相及沉积环境

1. 浊积岩的沉积构造及结构特征

1）浊积岩的沉积构造

浊积岩是浊流沉积形成的，具有自身的沉积特点，在其沉积过程中，形成了许多与其他流体沉积物不同的原生沉积构造，这些都是鉴别浊流沉积的良好标志。浊积岩中常见的原生沉积构造，有浊流作用形成的侵蚀构造，有滑塌、负载作用等形成的变形构造及其他层理构造。

（1）侵蚀构造。

在浊积岩中十分发育，形成于泥质沉积物表面，通常以上覆砂岩层底面上的铸模形式保存下来。主要有槽模、沟模。

槽模——是区内最常见的一种侵蚀构造，平面上呈舌形、圆锥形或三角形等，比较尖的、圆的一端指向上游，向下游方向变宽变浅，并逐渐与沉积物表面齐平，长度为几厘米到数十厘米。本区通常成群出现，是浊积岩的典型构造（图 2-4），是判断古水流方向的可靠标志。

沟模——区内不常见，是砂岩底面上的长形脊线，常呈平行的一组产出（图2-5），宽几毫米到数厘米，深一般数毫米，长度 20～120cm。沟模是浊流沿松软泥质沉积物表面连续运动时所刻划出来的直而长的小沟经充填形成的，其长轴方向与古水流方向一致，但不能判断流向。

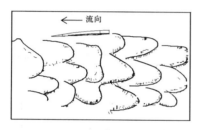

图 2-4　三叠系浊积岩中的槽模构造

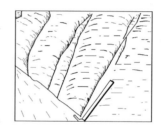

图 2-5　三叠系浊积岩中的沟模构造

（2）变形构造。

滑塌构造——是已沉积的、未完全固结的沉积物在重力作用下沿斜坡发生滑塌、滑动或位移等运动而产生的一种准同生变形构造。区内既可见发育在厚仅十几至二十厘米的一个薄层内，也可形成厚达十几米的一个沉积层（图 2-6）。主要发育在杂谷脑组的分支水道以及新都桥组的切入水道之中，表现为砾岩、砂岩与板岩混杂堆积，其中板岩遭受揉皱或被切割成大小不同、厚薄不均的透镜状块体，与砾岩、砂岩碎屑（块）混杂在一起，形成滑塌角砾岩。

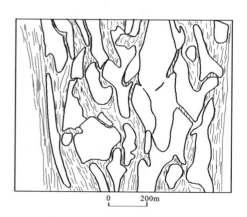

图 2-6　三叠系浊积岩中的滑塌角砾

负载构造——发育于紧靠板岩顶面的砂岩底面上的一种重荷模，与槽模构造很相似，不同之处在于其形态一般呈小圆丘状或不规则瘤状凸起，排列杂乱，无方向性，大小从几毫米到十几厘米不等。这也是一种准同生变形构造。

（3）层理。

粒序层理——也称递变层理，在中−粗粒砂岩中广泛发育，一般为粗尾递变的粒序层理，从下到上颗粒由粗变细，粒序层厚度变化大，从几厘米到几十厘米，有的可达 1~2m。粒序层之上多为具平行层理的细砂岩及水平层理的粉砂岩或板岩，与下伏岩层多呈侵蚀接触，发育槽模构造。

平行层理——平行层理大量发育于中−细粒砂岩之中，细层平直，细层厚 1~3mm，层系难以划分，具平行层理的岩层段厚 5~40cm。

交错层理——主要发育于粉砂岩中，一般为单向的小型波状交错层理，单层厚 1~5cm，常与平行层理和水平层理相伴生，是识别浊积岩 E 相的重要沉积构造。

水平层理——是板岩中最主要的层理类型，细层平直且连续，厚度很小，一般为几毫米。它们是在弱水动力条件下，由悬浮的细粒沉积物不断沉降而形成的，是低能静水环境的标志之一。

块状层理——也称均匀层理，在中厚层−块状粗粒砂岩中及板岩中均有发育，不显细层构造。板岩中的块状层理常与水平层理相伴生，砂岩中的块状层理一般与平行层理或交错层理相伴生。

（4）鲍马序列。

鲍马序列反映的是浊积岩原生沉积构造的组合特征，是识别经典浊积岩的重要标志。区内三叠系浊积岩系除部分地段（如杂谷脑组中部）可以见到完整的鲍马序列外（图 2-7），一般难以见到完整的鲍马序列，但鲍马序列各段的不同组合类型却广为发育，单个鲍马序列厚度变化大，从几厘米到 2 米不等（图 2-8）。

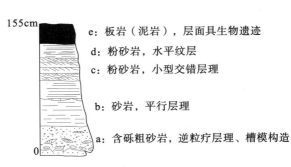

图 2-7　杂谷脑组中部完整的鲍马序列

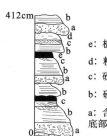

e: 板岩，层理不明显

d: 粉砂质板岩，水平层理

c: 砂岩、粉砂岩，斜层理

b: 砂岩，平行层理

a: 含砾砂岩、砾岩，粒序层理
底部具槽模

图 2-8　杂谷脑组下部不完整的鲍马序列

2)浊积砂岩的结构特征

为了研究浊积岩的结构特征，分别在壤塘、班玛等地选择不同地层单元的砂岩进行了薄片的粒度分析。

(1)杂谷脑组。

砂岩粒度(M_z)在 1.0~5.0φ，为细砂－粉砂，具有中粒砂，含有小于 10% 的粒径为 6φ 的粉砂，标准偏差(σ_I)为 0.99~1.85，分选中等－差；偏度(SK_I)主体为略正偏，部分略负偏，频率曲线具有不典型的双峰态结构；尖度值(K_G)0.86~1.61 为中等尖锐峰态，说明沉积物进入新环境后略被改造。据 Sahu (1964)环境判别公式，计算出萨胡判别值(Y)为 6.5020~11.264，多小于浊流临界值 9.8433，可以证明这些砂岩为浊流沉积。在粒度分布累积曲线上(图2-9)，多呈两段式及三段式，以跳跃总体为主，含有少量悬浮总体及牵引总体。

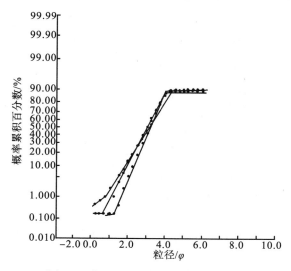

图 2-9　杂谷脑组砂岩概率累计曲线图

(2)侏倭组。

粒度变化为 1~4φ，主要为细砂和微粒砂，含有 10%~20% 粒径为 6φ 的粉砂，平均值 3.59φ，频率曲线具有双峰态结构。偏度正偏，尖度值 0.89～1.43 左右，标准差 1.22～1.30，分选中等－差，粒度较细。概率曲线为三段型为主，部分两段型、四段型（图 2-10），以跳跃总体为主，含有少量悬浮总体、牵引总体。据 Sahu（1964）环境判别公式计算萨胡判别值（Y）为 8.863～12.500，以小于浊流临界值 9.8433 居多，说明属浊流沉积。

（3）新都桥组。

砂岩碎屑平均粒径 3.66～4.18φ，为细－粉砂；标准偏差 σ_I 为 0.98～1.55，分选中等－较差；偏度为 −0.09～0.62，多数为正偏，少数为负偏或极正偏，说明粒度集中在粗端部分；尖度值为 0.86～1.46，平均 1.07，为中等峰态，说明沉积物进入新环境后略经改造。概率曲线为一段式或两段式（图 2-11），由悬浮总体和跳跃总体组成。据 Sahu（1964）环境判别公式计算萨胡判别值为 7.4222～11.075，平均 9.3283，小于浊流临界值

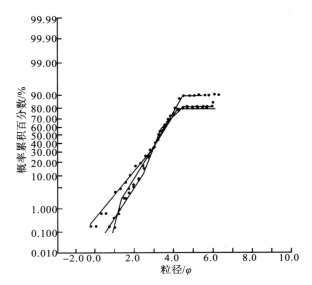

图 2-10 侏倭组砂岩概率累计曲线图

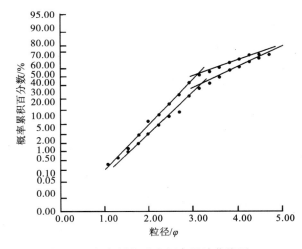

图 2-11 新都桥组砂岩概率累计曲线图

9.8433，说明新都桥组砂岩为浊流沉积，其大套板岩（泥岩）为外扇体－盆地平原沉积，其间块状砂体属于分支水道沉积。

2. 浊积岩岩相划分及沉积环境分析

1)浊积岩岩相划分

沉积岩岩相是一定沉积环境的物质表现，任何沉积岩都是在地表特定的环境中堆积下来的，都印有沉积环境的标记，是沉积环境分析的基础。迄今为止，关于浊积岩岩相的划分一直存有不同的认识，许多学者提出了不同的划分方案。

虽然存在认识上的差异，但它们在浊积岩岩相的划分上几乎一致认为：浊积岩石的层厚、粒度、砂页（板）岩比、层理的规则性、底面印痕组合、内部结构构造及古生态标志等均是划分浊积岩岩相的重要标志。在众多浊积岩岩相划分方案中以 Mutti 和 Ricc Lucchi（1975）、Walker（1978）、Pikering 等（1986）的划分方案最为适用，也为广大学者所接受，得到了普遍应用。在这些浊积岩岩相划分方案中，我们认为 Walker 和 Mutti 提出的浊积岩岩相划分具有很强的实用性和可操作性，并且将浊积岩岩相与海底扇不同地貌单元相对应，有利于对海底扇的不同地貌单元的识别。因此，本次在浊积岩沉积环境研究中采用了 Walker（1978）的划分方案，共划分为 A～G 等 7 个浊积岩岩相，其特征见表 2-1。

表 2-1 三叠系浊积岩系岩相类型及分布情况

浊积岩岩相类型		岩石特征	地层中发育情况		
			杂古脑组	侏倭组	新都桥组
A 相	A₁ 相	无组构砾岩	少见	少见	一般
	A₄ 相	有组构砾岩、含砾砂岩	少见	少见	少见
B₂ 相		不具"泄水构造"的砂岩	常见	一般	一般
C 相		中厚层细砂岩夹板岩	常见	常见	一般
D 相		薄－中层细砂岩或粉砂岩与板岩（泥岩）互层	常见	常见	一般
E 相		板岩（泥岩）夹薄－中层细砂岩、粉砂岩	少见	一般	一般
F 相		砂岩、板岩（泥岩）、砾岩混杂堆积	一般	少见	一般
G 相		板岩（泥岩）或板岩（泥岩）夹少量薄层粉砂岩	少见	一般	常见

各浊积岩岩相特征如下：

A 相——由细砾岩、含砾中－粗粒砂岩组成。中厚层－块状，单层厚 0.35～1.7m，底面不规则，与下伏层呈明显的侵蚀接触，侧向连续性差，呈大的透镜体分布。砾石含量 10%～40%，砾径 2～15mm。成分主要为石英质砾石、细砂岩砾石和泥质岩砾石。砾石呈次圆状－圆状，少量次棱角状。鲍马序列不适用。A 相可进一步划分为 A₁ 相和 A₄ 相，其中 A₁ 相为无组构杂乱排列的砾岩，成层性很不规则，无层理、无粒序；A₄ 相是具正粒序层理的含砾中－粗粒砂岩，底面一般发育印模。

B 相——由中细粒－粗粒砂岩组成。为中厚层－块状，单层厚 0.4～2.5m，砂泥比很高，底部可含少量细小砾石，一般呈楔状体，有时可见不清晰的粒序层理和平行层理，底面多见沟模、槽模等底模构造。鲍马序列不适用。B 相可进一步划分为 2 个亚相，区内主要发育不具"泄水构造"的 B₂ 相砂岩（图 2-12a）。

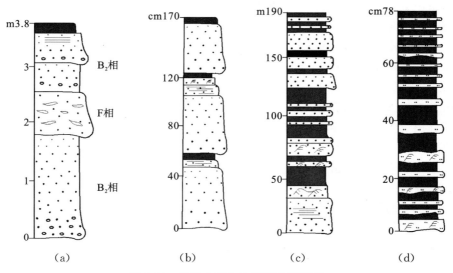

图 2-12　几种典型的浊积岩岩相层序

(a)分支水道中的 B_2 相块状砂岩和 F 相滑踢角砾岩；(b)发育有鲍马序列 Tabce、Tabe、Tae 组合的 C 相层序；(c)发育有鲍马序列 Tbce、Tce、Tbe 段组合的 D 相层序；(d)发育有鲍马序列 Tbce、Tbe、Tde、Tbe 段组合的 E 相层序

C 相——由中-细粒砂岩夹少量板岩组成。砂岩为中-厚层状，单层厚 0.2～0.8m，侧向连续性好，砂泥比较高，一般在 5∶1 左右，高者可达 8∶1。具正粒序层理、平行层理、小型交错层理、砂纹层理、水平层理等。一般从鲍马序列的 a 段开始，发育有 Tab、Tabce、Tae 等多种组合类型，底模构造常(图 2-12b)。

D 相——由细砂岩、粉砂岩和板岩互层组成。砂岩为中-薄层状，层面规则，侧向连续性好，砂板岩比率低，约 1∶1。砂岩中具平行层理、小型波状层理，底面可见有小型底模构造；板岩中发育均匀层理和水平层理。鲍马序列从 b 段或 c 段开始，发育有 Tbce、Tce、Tbe 段组合(图 2-12c)。

E 相——由板岩夹细砂岩、粉砂岩组成。细砂岩、粉砂岩一般为薄-中层状，单层厚 5～20mm，呈不规则的薄层状体，砂泥比<1∶1。砂岩中具小型波状交错层理，板岩中具水平层理和均匀层理，鲍马层序一般从 c 段或 d 段开始，发育 Tcde、Tce、Tde 段组合(图 2-12d)。

F 相——由砾岩、砂岩、板岩(泥岩)混杂堆积而成，岩石均为不规则的块状，成层性差，呈大的楔形体或透镜体产出。在杂古脑组、侏倭组、新都桥组中均可见，一般是识别浊流水道的主要标志之一。区内发育有两种不同类型的 F 相沉积，一种是夹于砂岩之间的，似有"层"的概念，但规模较小，厚一般 20～70cm；另一种规模较大，呈透镜体，厚 1～10m，侧向延伸可达 1km(图 2-12a)。

G 相——由板岩及板岩夹少量粉砂岩组成，发育水平层理和均匀层理。新都桥组中发育有大量的 G 相沉积。

2)沉积环境分析

从 20 世纪 60 年代以来，对古代及现代海底扇的分布、形态和微相的划分进行了广泛的研究，总结出了深海—次深海环境下的浊流海底扇的沉积相模式（Normark，1978；Walker，1978；Mutti and Ricc Lucchi，1975）。Walker（1978）根据 Mutti 和 Ricc Lucchi（1975）、Normark（1978）等的模式，综合成一个海底扇沉积模式，并得到了广泛的应用。他把海底扇划分为下列几个相带：①供给水道：相当于海底峡谷，它将含大量碎屑物质的浊流输送到海底扇上；②上扇，是一个单一的两侧被天然堤限制的较深水道；③中扇，有许多叠覆的扇形砂质叶体组成，又可分为内带辫状水道区和外带无水道区；④外扇和盆地平原，形成薄层粉砂岩与深水泥岩互层。不同的相带有不同的岩相组合特征，同时还提出了一个海底扇稳定推进的向上变粗的垂向层序。在野外调查研究中，我们认为的 Walker（1978）的海底扇沉积模式具有较强的实用性，特别是该模式中与其他模式不同的切入水道—新的超覆扇的划分，对本区新都桥组大套外扇—盆地平原的板岩中所夹的砾岩、块状砂岩给予了很好的解释。因此，将 Walker 的海底扇沉积模式作为分析本区浊流沉积环境的理论基础。

（1）杂谷脑组。

研究区杂谷脑组岩性以厚层—块状砂岩为主，主要为中扇内侧辫状水道沉积，包括有中扇分支水道沉积、水道间（漫滩）沉积两种基本沉积类型，其中最发育的是中扇内侧的分支水道沉积（图 2-13）。由于分支水道呈辫状并具游荡性特点，因而将水道砂岩连续起来，形成杂谷脑组以厚至块状砂岩为主的岩石组合。

中扇分支水道沉积：该类沉积主要由 B 相块状砂岩和 A 相含砾砂岩组成，其顶部一般为 E 相、G 相的泥岩，具向上变薄变细的层序（图 2-13），充填厚度5~20m。层序底部一般为 A 相含砾砂岩、B 相块状砂岩。A 相含砾砂岩单层厚0.7~3.5m，砾石含量 5%~10%，砾径一般在 2~5mm。其中常见粗尾递变的粒序层理或块状层理，底面有较明显的水道化底界，如大中型槽模、沟模等侵蚀构造。层序中部为 B 相厚层—块状中—细粒砂岩，夹少量粉砂岩，有时可见由颜色略为深浅不一而显示出的平行层理，砂岩底部见沟模、槽模等底面构造。B 相快状砂岩也可直接构成层序的底部。F 相滑塌角砾岩常夹于 B 相砂岩之间，主要是砂岩层间的撕裂页岩碎屑的准同生混杂堆积构造，厚 0.8~1.5m。层序顶部岩层明显变薄变细，被具水平层理或小型波状交错层理的粉砂岩以及板岩所覆盖，其岩相类型为 D、E 或 G 相，一般厚 50~100cm，其中经常可见植物化石碎片和觅食迹遗迹化石。这是因为在一次小的浊流间歇期间或水道迁移废弃后，动荡的海底获得了短暂的宁静，使漂浮在水中的较轻物质如植物碎片等，得以随着细粒的泥质一起安静而缓慢地沉降下来；浊流所带来的丰富的有机质及其沉积界面较正常的含氧量环境，为小蠕虫的生存提供了有利的生态空间。

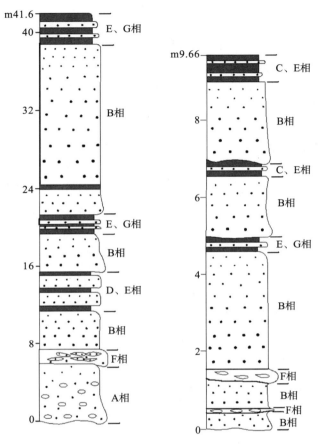

图 2-13　杂谷脑组中扇分支水道沉积序列

　　在野外剖面上可以见到数个这样的水道相基本层序叠置在一起，说明中扇内侧水道的分布是一种迁移型的辫状水道。从分支水道基本层序的厚度来看，一般在 10～20m，反映水道较浅，其深度在 10～20m，从分支水道的平面展布特征来看，很难单独区别出一个水道的宽度，这很可能是由于辫状水道侧向迁移而将水道砂体连接起来，致使水道间的细粒物质被冲刷而未能保存下来。

　　水道间（漫滩）沉积：在分支水道发育的地段，一般都发育有水道间的（漫滩）沉积，它的基本层序是由细粒的砂岩、粉砂岩与板岩（泥岩）互层组成的（图 2-13 顶部薄层细粒物质）。往住和中扇内侧的水道沉积共生在一起，如果不考虑这种共生关系，单独判断起来可能是困难的，容易和外扇沉积相混淆。浊积岩岩相主要为 D 相及 E 相。D 相为中薄层细砂岩或粉砂岩与板岩互层，具平行层理、小型波状交错层理、水平层理及均匀层理，发育鲍马序列的 Tbcde 段或 Tcde 段组合，单个组合厚 10～30cm；E 相与 D 相类似，砂/泥比更低，粉砂岩中砂纹交错层理更加发育，层面微波状起伏，发育有鲍马序列的 Tcde 或 Tde 段组合。水道间漫滩沉积代表砂质高密度浊流超过堤岸被稀释了的低密度浊流沉积。

上述沉积特征表明，杂谷脑组浊积岩为次深海大陆斜坡中上部环境下的沉积物。

（2）侏倭组。

侏倭组以缺乏水道相沉积的中扇外侧叠覆扇叶体沉积为主，宏观上表现为砂岩（砂质朵叶体）与板岩（泥岩）的韵律式沉积特征（图 2-14）。

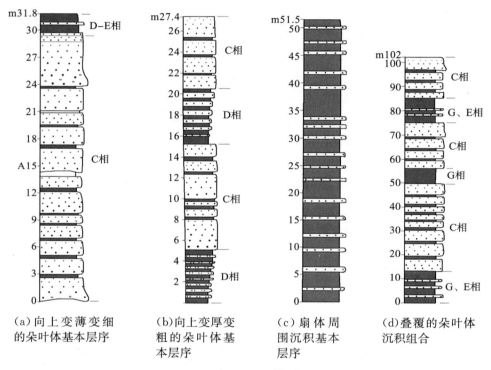

（a）向上变薄变细的朵叶体基本层序　　（b）向上变厚变粗的朵叶体基本层序　　（c）扇体周围沉积基本层序　　（d）叠覆的朵叶体沉积组合

图 2-14　侏倭组浊积岩相序列

中扇朵叶体沉积：这类沉积是侏倭组中最发育的沉积类型，发育有向上变薄变细的和上变厚变粗的基本层序。

向上变薄变细的朵叶体基本层序：该类型沉积具有向上变薄变细的特点（图 2-14a），区内发育厚度一般为 20～50m。层序底部一般从块状砂岩开始，具粗尾递变的粒序层理，底面发育中－小型槽模构造，浊积岩岩相主要由 B 相块状砂岩组成，厚约 2～5m。层序中部为中－中厚层状中－细粒砂岩夹少量板岩，砂板岩比率较高，约 5∶1，主要由浊积岩 C 相组成。其中多见正粒序层理和平行层理，少见砂纹层理及水平层理，鲍马序列主要发育 Tabe、Tae 及 Tabce 段组合，厚约 15～30m。层序顶部较薄，一般厚不过 1m，通常由板岩夹细－粉砂岩 E 相或互层的 D 相组成，其中砂纹层理及水平层理发育，具鲍马序列的 Tcde、Tce 及 Tbce 段组合。

向上变厚变粗的朵叶体基本层序：该类沉积与向上变薄变细的朵叶体基本层序相反，具有向上变粗变厚的特点(图 2-14b)。层序一般从浊积岩 D 相板岩夹细－粉砂岩(或砂板岩互层)开始，中部渐变为中－中厚层状中－细粒砂岩为主夹少量板岩的浊积岩 C 相沉积，其中多发育块状层理、平行层理和砂纹层理，鲍马序列普遍发育 Tabe、Tae 及 Tabce 段组合，为经典的近基浊积岩。层序顶部往往为厚层－块状中－粗砂岩及含砾砂岩，底模构造逐渐发育。

扇叶体周围沉积：由于水动力减弱，物质供应减少，砂质叶体两侧沉积物粒度逐渐变细，向粉砂岩、泥岩过渡，其外侧渐变成泥岩。侏倭组扇叶体周围沉积也较发育(图 2-14c)，厚度和岩性均较稳定，浊积岩岩相以 D 相、E 相为主，与 G 相共生，岩性为中－薄层细砂岩、粉砂岩与板岩韵律互层，侧向上可变为泥岩夹薄层状粉－细砂岩，主要发育鲍马序列的 Tcde、Tbcd 及 Tbcde 组合。底模构造不发育，一般形态较小，层理类型普遍发育有水平层理，小型交错层理及均匀层理。

扇叶体周围沉积从岩相组合特征来看与外扇－盆地平原沉积极为相似，在单一露头是难以区别的，但从野外地质填图的侧向相组合特征和变化情况来分析则不难判别，扇叶体周围沉积在侧向上与扇叶体呈相变关系，而外扇－盆地平原则不具有这种关系。

需要指出的是，侏倭组主要沉积类型为中扇外侧叠覆扇叶体，从剖面上及横向上均显示出叶体的叠置关系，其单个叶体之间一般均由 G 相、E 相的板岩(泥岩)所间隔，因此在沉积组合类型上表现为砂质叶体与泥岩组成的沉积旋回。这是因为中扇内侧的辫状水道发生迁移或者被废弃，而造成中扇外侧的叶体迁移、连结和叠置，并且当一个叶体被废弃后，而另外的叶体变成主要的沉积场所，当第二个叶体正在形成时，第一个叶体可能被泥岩薄层所覆盖，但是最终将会在第一个叶体所在的位置再重建另外一个叶体(图 2-14d)。

上述沉积特征表明，侏倭组的沉积环境为次深海大陆斜坡中下部。

(3)新都桥组。

新都桥组是以外扇－盆地平原为主的沉积，其中的块状砂岩和砾岩、含砾砂岩及滑塌角砾岩夹层，代表了切过早期(扇体)沉积的切入水道沉积，砂岩夹层则是与切入水道相连的新的叠覆扇叶体。

外扇－盆地平原沉积：该类沉积是新都桥组中最发育的沉积类型。外扇及盆地平原是地势平缓、坡度低的地区，其特征是缓慢的深海细粒沉积，并周期性地为浊流沉积所间断。外扇与盆地平原是一种过渡关系，许多情况下两者难以严格区分。新都桥组中的外扇－盆地平原表现为由单一板岩(泥岩)组成的厚数十米至数百米的沉积，板岩中水平层理发育，以 G 相占优势。在外扇－盆地平原泥质沉积中，常常发育由周期性浊流沉积形成的薄层细-粉砂岩夹层，组成非旋回性的基本层序(图 2-15)。夹层厚一般 1～5cm，发育鲍马序列的 Tde、Tcde 组合。

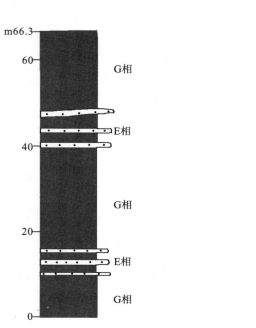

图 2-15　新都桥组外扇-盆地平原沉积序列　　　图 2-16　新都桥组切入水道沉积

切入扇体的水道沉积：新都桥组中的水道沉积均属于这种类型。切入水道沉积是 Walker(1976)海底扇模式中所特有的沉积类型，是指海底扇在加速推进的情况下(可能与海平面相对下降或沉积物的加速供应有关或两者兼有)，上扇水道开始在扇体上向下和向外切割，老扇的大部分地区将被绕过，形成切入水道，向海的一侧与切入水道相连则形成新的扇叶体。

切入水道以曼迪剖面上发育最为完整、清楚。它们具有较典型的水道沉积特征，如块状砾岩、含砾砂岩及滑塌角砾岩等；具有明显的水道化底界，如槽模构造和火焰状构造。切入水道的沉积类型从物质组成上在本区可分为两种，一种是以砾岩(包括滑塌角砾岩)-含砾砂岩-块状砂岩组成的砾质切入水道(图 2-16)；另一种则主要是块状砂岩组成的砂质切入水道。砾质切入水道主要分布于壤塘地区的新都桥组之中，在曼迪剖面上见有发育较为典型的砾质切入水道，水道深度在十至数十米，由重叠的砾岩层、含砾砂岩层-砂岩成对组成，但也可能缺失砂岩层，而由砾岩、含砾砂岩组成。一个小层序厚度 1～2m，底部为侵蚀界面，从下至上部砾岩含量减少而向砂岩过渡，一般具粒序层理。砾岩、含砾砂岩中的砾石成分主要为砂岩砾石、石英质砾石及泥砾。该类型的切入水道中的一个重要沉积特征是出现较多的滑塌角砾岩，夹于砾岩及砂岩层之中，一般厚度在 40～200cm。砂质切入水道的深度一般在 10～20m，是由水道多期次充填而形成的。较为典型的是位于曼迪剖面上部 29～32 层的切入水道沉积，该切入水道出露深度约 23m，主要由 B 相的块状砂岩及 F 相滑塌角砾岩组成，之间的泥质岩夹层反映了水道的不同充填旋回，单个充填旋回的厚度在 6～15m，具向上变细的特点。水道底部与下伏黑色板岩呈明显的侵蚀接触，宏观上可见水道的块状砂岩切入泥岩之中。切入水道最下部的水道充填旋回厚 3m，主要由具粒序层理的块状砂岩组成，底部发育沟模、槽模及重荷模构造，下部一般含少量细砾岩，其成分以泥砾为主，向上颗粒变小，块状砂岩中夹有一层厚约 12cm 的滑塌角砾岩，其角砾成分为砂岩，充填物为泥质物，滑塌角砾岩中大部分仍表现大致的成层性。

上述两种类型的切入水道，只是沿切入水道向盆地方向的一种相变，砂质切入水道发育于向盆地的一侧，而砾质切入水道更接近大陆一方。切入水道与中扇辫状分支水道的不同之处在于它不是与中扇朵叶体共生、逐渐过渡，而是嵌入在外扇－盆地平原沉积的泥岩中。其成因是由于海底扇加速推进，后期水道对早期扇体进行深切的结果。

新的叠覆扇叶体：在新都桥组中与切入水道相伴生的沉积是新的叠覆扇叶体，它是浊流在切入水道口之外形成的新的扇叶体。本区新都桥组中这种新的叠覆扇叶体广泛发育，叶体厚度变化较大，在 5～50m，一般厚约 10～20m，叶体走向上延伸一般 2～3km。由经典浊积岩组成，为薄－中层状细粒砂岩夹少量板岩，具浊积岩 C 相特征。砂岩/板岩比例为 3∶1～5∶1，砂岩底面构造不太发育，可见小型槽模等构造，叶体之上为 G 相板岩所覆盖。

综上沉积特征，新都桥组的沉积环境为次深海－深海盆地环境。

二、遗迹化石特征及对沉积环境的指示

遗迹化石与实体化石一样，在地层内分布相当普遍，但长期以来未曾得到人们的关注，直到 20 世纪 50 年代之后才逐渐引起重视。由于遗迹化石原地保存、广泛分布、易于鉴别和遗迹相带范围又窄等特点，对沉积环境研究具有较大的应用价值。其中深水遗迹化石是深水沉积学中颇受重视且发展迅速的研究领域，因为在深海－半深海环境中，沉积的各种直接相标志不甚丰富，实体化石也十分贫乏，使属于原地埋藏的、保存良好的遗迹化石组合就成为指示深水沉积环境特征的重要生物标志。

1. 遗迹化石组合及遗迹相

壤塘上杜柯乡日基沟剖面侏倭组、新都桥组和南木达嘎阿玛剖面杂谷脑组、侏倭组中发现了大量的遗迹化石，曼迪剖面新都桥组中也有少量发现。经中国地质大学(武汉)杨逢清教授鉴定，在日基沟剖面有 38 个遗迹属 63 个遗迹种，根据不同遗迹属在不同层位中的相对丰度，建立了 5 个遗迹组合(表 2-2)；在嘎阿玛剖面有 19 个遗迹属 26 个遗迹种，建立有 3 个遗迹组合(表 2-3)。

表 2-2　上杜柯日基沟剖面侏倭组—新都桥组遗迹化石组合特征及遗迹相

遗迹组合	遗迹化石性质	主要遗迹属	遗迹相
第五遗迹组合 *Megagrapton* | *Helminthoida*	化石分异度较低，以觅食迹和牧食迹较多为特征，并具有耕作迹、爬行迹和粪化石	*Megagrapton* *Arthrophycus* *Helminthoida* *Paleodictyon*	Nereites 遗迹相
第四遗迹组合 *Paleodictyon* | *Phycosiphon*	化石分异度较高，网格状的耕作迹丰度最大。分枝状、弯曲状的觅食迹分异度在本组合中占首位	*Paleodictyon* *squamodictyon* *Neurodictyon* *Nereites*	Nereites 遗迹相
第三遗迹组合 *Megagrapton* | *Imponoglyphus*	化石分异度较低，主要发育弯曲、分枝状的觅食迹，既有进食功能也有居住功能的弯曲状牧食迹也占相当大比例	*Megagrapton* *Imponoglyphus* *Cosmorhaphe* *Lophoctenium* *Helminthopsis*	Nereites 遗迹相
第二遗迹组合 *Paleodictyon* | *Neonereites*	化石分异度高，以网格状和弯曲状的耕作迹十分发育为特点，弯曲型、分枝型的牧食迹和觅食迹也很发育，同时含有保存完好的粪化石	*Paleodictyon* *Squamodictyon* *Neonereites* *Helminthopsis* *Cosmorhaphe*	Nereites 遗迹相
第一遗迹组合 *Helminthopsis* | *Paleodictyon*	以单枝、弯曲或束状分枝的觅食迹发育为特点，并有较多量的网状或规则弯曲的耕作迹，化石分异度较高	*Helminthopsis* *Paleodictyons* *Nereites* *Ovatiichnum*	Nereites 遗迹相

1)上杜柯日基沟剖面遗迹组合

(1)*Helminthopsis-Paleodictyon* 遗迹组合。

该组合分布于剖面侏倭组(1~17 层)，组合特点为沿层面或层内保存多种遗迹化石，包括层面觅食迹、牧食迹、耕作迹和爬行迹、停息迹、粪化石等，共有 18 个遗迹属，分异度高，其中 12 个遗迹属常见于深水复理石相，跨相的有 3 个属。按生态习性分类，分别为觅食迹达 38.8%，牧食迹占 33.3%，耕作迹占 11.7%，爬行迹、停息迹和粪化石各占 5.6%。分枝状、单枝状和放射状的觅食迹 *Glockeria*，*Arthrophycus*，*Phycodes*，*Imponoglyphus*，*Asterichnus*，*Chondrites*，*Planolites* 最为发育，无论是分异度还是丰度都占主要地位；其次为不规则弯曲的牧食迹，计有 *Helminthoida*，*Helicoichnus*，*Cosmorhaphe*，*Helicorhaphe*，*Nereites*，*Helminthopsis*；并有少量的耕作迹 *Paleodictyon*，*Squamodictyon*。不弯曲的牧食迹和网状耕作迹在海相盆地中是被公认的与深海浊流沉积有关的 *Nereites* 遗迹相(Seilacher，1967)的重要化石。

(2)*Paleodictyon-Nereites* 遗迹组合。

该组合分布于剖面侏倭组（18～27 层），共有 21 属，其中有 13 个属是 *Nereites* 遗迹相的主要分子，其余属中的 *Chondrites*，*Phycodes*，*Planolites* 为穿相遗迹属，分异度仍以觅食迹最高，达 38.1%，其次为牧食迹，占 33.3%，耕作迹 14.35%，爬行迹和粪化石各占 4.8%、9.5%。但从丰度看，耕作迹占首位，达 46.7%，觅食迹其次，占 27.3%，牧食迹为 23.7%，爬行迹和粪化石各占 1.3% 和 3.3%。化石中觅食迹的分异度最高，而丰度则以耕作迹为最大，觅食迹有 *Granularia*，cf. *Treptichnus*，*Lennea*，*Phycosiphon*，*Phycodes*，*Imponoglyphus*，*Chondrites*，*Planolit*；网状耕作迹有 *Paleodictyon*，*Squamodictyon*，*Neurodictyon*；牧食迹较多，计有 *Helminthoida*，*Helicoichnus*，*Cosmorhaphe*，*Helminthopsis*，*Neonereites*，*Zoophycos*，*Urohelminthoida*；此外，还有少量的爬行迹和粪化石。该组合的造迹生物主要栖息活动于松软的底质中，它们普遍具有复杂的啮食图形和纤细的潜穴系统，应归于深水型的 *Nereites* 遗迹相。

（3）*Megagrapton-Imponoglyphus* 遗迹组合。

该组合分布于剖面侏倭组（28～31 层），共有 14 个遗迹属，其中有 8 个属常见于深水复理石相，4 个属为穿相遗迹属，也常见于深水复理石相，觅食迹分异度最大，达 57.1%；牧食迹占 35.7%；耕作迹较少，仅有 7.7%。以觅食迹最为发育，其次为牧食迹，少量耕作迹。遗迹化石中以具回填构造的觅食迹 *Imponoglyphus*，*Phycodes* 及不规则蛇曲形耕作迹 *Megagrapton* 为主。觅食迹除上述二属外，尚有 cf. *Gyrichnites*，*Gordia*，*Haentzschelinia*，*Phycosiphon*，*Chondrites*，*Planolites* 等遗迹属。该组合中牧食迹的数量也不少，有 *Cosmorhaphe*，*Helminthopsis*，*Nereites*，*Neonereites*，*Lophoctenium*。本组合中缺少 Nereites 遗迹相的典型分子 *Paleodictyon*。

（4）*Paleodictyon-Phycosiphon* 遗迹组合。

该组合分布于剖面侏倭组（32～47 层），以网状耕作迹的丰度大，占整个组合丰度值的 62.3%。但分异度表明，组合的 16 属中以觅食迹占优势，达 50%，耕作迹 25%；牧食迹 18.8%，少量为粪化石 6.2%。从丰度看，耕作迹占绝对优势，占整个丰度的 62.3%。组合中以网状的 *Paleodictyon* 和具回填构造的 *Phycosiphon* 大量出现为特征，跨相型的觅食迹 *Planolites*，*Chondrites* 数量较多。共生的遗迹化石还有耕作迹 *Squamodictyon*，*Neurodictyon* 和 *Megagrapton*；觅食迹 *Imponoglyphus*，*Phycodes*，*Haentzschelin*，*Monomorphichnus*，*Gordia* 和少量的牧食迹 *Cosmorhaphe*，*Nereites*，*Zoophycos* 及粪化石 *Ovatiichnum*。粪化石的出现，表明形成时水很平静。此组合具典型的 Nereites 遗迹相网状分子。

（5）*Megagrapton-Helminthoida* 遗迹组合。

本组合分布于剖面侏倭组顶部至新都桥组，以牧食迹、觅食迹的分异度和丰度大为特点。整个组合的分异度较大，有 19 属，其中 11 属常见于深水复理石相中。分异度以牧食迹和觅食迹为大，均达 26.3%；其次耕作迹为 21%。此外，还有耕作迹、爬行迹和粪化石，产于深色板岩中。组合中以 *Helminthoida*，*Megagrapton* 和 *Planolites* 为主，另外尚产有牧食迹 *Helicoichnus*，*Cosmorhaphe*，*Lophoctenium*，*Dendrotichnium*，*Helminthoida*；耕作迹 *Paleodictyon*，*Squamodictyon*，*Neurodictyon*；觅食迹 *Imponoglyphus*，*Chondrites*，*Phycodes*，*Arthrophycus*；爬行迹 *Didymaulichnus*，*Hormosiroidea*，cf. *Bostricophyton* 和粪化石 *Ovatiichnum*，*Torrowangea*。组合中 *Nereites* 遗迹相典型化石较多。

2)南木达嘎阿玛剖面及曼迪剖面遗迹组合

根据遗迹化石在剖面上的丰度和分异度可划分出 3 个遗迹组合(表 2-3)。

表 2-3　南木达嘎阿玛剖面遗迹化石分布相对丰度及遗迹相

遗迹属	扎尕山组	杂谷脑组	侏倭组	新都桥组	生活习性
Planolites	▬		▬		居住迹
Chondrites			▬		觅食迹
Glolkeria			▬		
Gordia	▬		▬		
Imponoglyphus			▬		
Lorerzinia			▬		
Phycodcs			▬		
Plycosiphon			▬		
Subolrenzinia			▬		
Zoophycos			▬		
Cosmerhpahe			▬		牧食迹
Fascisichnium	▬		▬		
Helminthopsis			▬		
Hormosiroidea			▬		
Neonereites			▬		
Lachrymatichnus			▬		耕作迹
Paleodictyon	▬		▬		
Squamodictyon			▬		
Urohelminthoida			▬		
遗迹组合	*Paleodictyon*	*Chondrites*	*Paleodictyon-Imponoglyphus*		
遗迹相	*Zoophycos*		*Nereites*		
环境	深海盆地	斜坡中扇	斜坡外扇–深海盆地		

（1）*Paleodictyon* 遗迹组合。

该组合分布于杂谷脑组中下部，主要有网状耕作迹 *Paleodictyon* sp.，*P. miocenicum* Sacco，*P. minimum* Sacco，*Squamodictyon* sp.，*S. tectyforme* Sacco；蛇曲形牧食迹 Helminthopsis sp.，*Fascisichnium* sp.，另有少量觅食迹 *Gordia* sp.，*Imponoglyphus* sp. 及居住迹 *Planolites* sp. 等遗迹属。组合中 *Nereites* 遗迹相典型化石较多。

（2）*Chondrites* 遗迹组合。

该组合分布于杂谷脑组及侏倭组下部，主要有分枝潜穴觅食迹 *Chondrites* sp.，线形觅食迹 *Gordia* sp.，及网状耕作迹 *Paleodictyon* sp. 等遗迹属。此组合具典型的 *Zoophycos* 遗迹相化石。

（3）*Paleodictyon-Imponoglyphus* 遗迹组合。

分布于侏倭组，主要由大量的网状耕作迹 *Paleodictyon*，*Squamodictyon* 及觅食迹 *Imponoglyphus*，*Chondrites* 等遗迹属组成，其他还有少量牧食迹 *Helminthopsis*，*Cosmirhaphe*，*Fascisichnium*，觅食迹 *Gordia*，*Lorenzinia*，*Phytcodes*，*Zoophycos* 及啮食迹 *Urohelminthoida* 等遗迹属。该组合具典型的 Nereites 遗迹相网状分子。

另外在曼迪新都桥组剖面中上部板岩中采获有：*Chondrites* sp.，*Helminthopsis* sp. 等遗迹化石。其中的 *Helminthopsis* 是 *Nereites* 遗迹相的典型分子。

2. 沉积环境及古生态分析

遗迹化石是由造迹生物的行为方式形成的，通过不同的生态类型遗迹化石组合可以反映出环境的变化。遗迹化石与浊流沉积之间的关系非常密切，Seilacher（1967）所建立的 *Nereites* 遗迹相和 *Zoophycos* 遗迹相就是分布于与浊流有关的深海一次深海环境，其中遗迹化石可一直分布到浊流的末端，即从大陆边缘上扇和半深海区中扇至半远洋的盆地平原泥质沉积中。而且在浊流沉积的不同部位，即浊积扇的不同部位，遗迹化石组合特征也不尽相同。本区遗迹化石的遗迹相主要为 *Nereites* 遗迹相，在嘎阿玛杂古脑组—侏倭组剖面出现有 *Zoophycos* 遗迹相，上述遗迹化石和遗迹相均反映一种深海一次深海的沉积环境。

本区遗迹化石主要分布于中扇和外扇沉积的板岩、粉砂质板岩之中，在细砂岩或粉砂岩之中也有少量遗迹化石。从不同生态习性的遗迹化石的丰度上，我们可以看到中扇与外扇沉积中的遗迹化石是有明显差别的：中扇沉积中以牧食迹和觅食迹为主，并有深水相耕作迹与浅水相停息迹共存；而在外扇沉积中，耕作迹丰度最大，牧食迹与觅食迹减少，无浅水相停息迹。由此，经与 Ekdale 等（1984）总结出的海水深度与遗迹化石生态习性相互关系相对照，可以推断，本区浊流沉积中的中扇沉积代表了大陆斜坡中下部半深海的沉积，而外扇沉积则反映了深海盆地边缘的盆地环境。就浊积扇沉积物中遗迹化石分布丰度总体而言，存在这样的趋势：在以分支水道沉积为主的杂谷脑组厚层砂岩和沉积物砂/泥比高的高能环境中，遗迹化石不普遍；在以中扇朵叶体沉积为主的侏倭组薄层砂岩和砂/泥岩比低的低能环境中，遗迹化石普遍丰富，以辐射型、旋转型和蛇曲型啮食迹遗迹化石组合为特征；最远源区新都桥组沉积物中以图案型耕食迹遗迹化石组合为特征。

上述浊积岩岩相及遗迹化石特征均表明，研究区上三叠统为次深海－深海的大陆斜坡－深海盆地环境下的沉积物，而且总体上表现出从杂谷脑组－新都桥组，海平面不断上升，沉积环境从次深海大陆斜坡中上部到深海盆地的演化特点。新都桥组是本区水体最深的深海盆地环境下的沉积物，相对而言是一个更加还原、厌氧的环境，这也更加有利于金元素的初始富集，而构成本区最主要的矿源层和赋矿地层。

第三节　浊积岩的岩石地球化学特征及物源区特征

碎屑沉积岩记录了源岩的成分特征、物源区古化学风化条件和大地构造背景等方面的信息。对细碎屑沉积物地球化学特征的研究表明，REE以及某些微量元素能够有效地指示地质作用过程、物源区特征、大地造构造背景以及物源区古化学风化特征（Cullers et al.，1988；Bhatia and Crook，1986；Taylor and McLennan，1985；McLennan et al.，1993；McLennan，1989）。形成于特定构造背景下盆地中的细碎屑沉积物通常反映了源区岩石的成分，其中的微量元素，特别是稀土元素（REE）、高场强元素（HFSE）、Cr和Co等，在沉积水体中的溶解度低，而且在沉积作用过程中很少分异，尽管其地球化学成分受母岩、化学风化、搬运和沉积过程的分选以及埋藏后成岩作用等因素的影响，但这些微量元素的相对稳定性表明它们仍然能够指示物源区性质（Taylor and McLennan，1985；McLennan，1989）。

本次研究通过浊积岩的常量、微量及稀土元素特征来探讨该区浊积岩的物源区特征及其大地构造背景，结合本区三叠纪构造古地理背景来追溯浊积岩的物源区，为探讨盆地演化提供依据。

一、分析结果

本研究在若尔盖地块西南缘不同剖面上采集了细粒砂岩样品进行了分析。常量元素、微量元素、稀土元素分析结果和相关比值见表2-4至表2-7。澳大利亚后太古代页岩（PAAS）被认为代表了上地壳的平均化学成分（Taylor and

McLennan，1985），因此可以用它作为一个重要的地球化学标准来分析样品的地球化学特征，为了便于比较，将其也列入表中。

表 2-4　浊积砂岩主量元素化学分析结果　　　　单位：%

层位	SiO_2	Al_2O_3	Fe_2O_3	FeO	MgO	CaO	Na_2O	K_2O	MnO	TiO_2	P_2O_5	CO_2	H_2O^+
新都桥组（T_3xd）	61.01	9.04	4.78	0.63	1.37	8.61	1.59	1.27	0.15	0.4	0.12	7.84	2.58
	73.06	11.97	3.57	0.97	0.79	0.73	3.37	1.55	0.06	0.76	0.16	0.31	2.47
	69.16	12.4	0.96	4.12	1.69	2.64	2.28	1.9	0.09	0.58	0.14	—	—
	75.29	11.11	1.51	1.8	1.09	1.23	3.64	1.02	0.06	0.53	0.13	—	—
侏倭组（T_3zw）	71.91	12.78	1.48	2.92	1.46	0.75	2.76	2.12	0.06	0.62	0.14	0.35	2.45
	68.89	14.25	0.91	3.58	1.72	0.58	3.27	2.53	0.04	0.59	0.16	0.66	2.47
	67.45	13.9	1.59	4.08	1.96	1.28	2.4	2.27	0.04	0.66	0.16	0.84	3.15
杂古脑组（T_3z）	73.27	12.02	1.49	2.27	1.2	1.04	3.24	1.87	0.05	0.57	0.14	0.52	2.11
	67.99	14.18	0.92	3.71	2	0.78	3.27	2.58	0.05	0.73	0.16	0.7	2.58
	70.65	12.28	1.57	2.70	0.94	2.04	3.64	1.54	0.05	0.53	0.10	1.42	1.72
	68.45	13.54	1.07	3.92	1.75	1.56	2.58	2.3	0.09	0.59	0.15	0.84	2.96
平均值	69.88	12.53	1.76	2.94	1.49	1.76	2.91	1.85	0.07	0.59	0.14	1.31	2.51
PAAS	62.4	18.8	7.18	—	2.19	1.29	1.19	3.68	0.11	0.99	0.16	—	—

注：测试单位：武汉岩矿测试中心

表 2-5　浊积砂岩微量元素表　　　　单位：$\mu g/g$

层位	Sc	Zr	Th	Sr	Ba	Rb	U	Hf	V	Co	Cr	Cu	Nb
新都桥组（T_3xd）	8.8	108	7.91	17	62	65.9	1.67	4.09	75	6.8	32	30	5
	12	57	9.45	60	175	75.9	2.33	6.03	72	6.6	45	28	5
	11.1	144	9.36	148	395	68.6	2.16	4.41	63.9	18.8	50.3	10.9	10.6
	14.8	279	12.2	196	650	93.4	2.41	8.19	91	15.2	69.2	13.3	13.6
侏倭组（T_3zw）	12.8	181	15.2	161	703	91.1	2.16	5.49	90.1	17.4	56.4	15.1	12.2
	14.1	153	10.2	214	566	95.3	2.29	4.75	89.5	17.8	85.1	18.1	12.7
	13.4	142	9.88	132	422	84.5	2.16	4.45	81.8	17.1	52	13.9	12.5
杂古脑组（T_3z）	13.2	221	12.6	134	417	82.7	1.92	6.44	85.2	16.3	75	11	12.2
	17.3	154	11.4	107	603	135	2.16	4.94	111	18	80.4	29.2	13.5
	13.7	198	15.5	140	505	101	1.92	5.77	90.1	16.2	57.2	16.3	12.8
	15	48.6	14	202	544	113	1.79	1.23	94.5	17.9	59.4	22.9	5.51
平均值	13.3	145.0	11.2	136.8	466.5	92.3	2.1	4.7	86.1	15.3	60.6	18.2	10.4
PAAS	16	210	14.6	200	650	160	3.1	5	150	23	110	50	1.9

注：测试单位：成都冶金测试中心，采用光度法、原子吸收、原子荧光、发射光谱方法测试

表 2-6　浊积砂岩稀土含量表　　　　　　　　　　　　单位：μg/g

层位	La	Ce	Pr	Nd	Sm	Eu	Gd	Tb	Dy	Ho	Er	Tm	Yb	Lu	∑REE
新都桥组 (T$_3$xd)	40.8	79.5	8.81	31.4	4.99	0.98	4.04	0.66	4.16	0.91	2.62	0.43	2.73	0.43	182.46
	44.5	90.7	10.2	38.4	6.82	1.24	5.75	0.85	4.89	1.02	2.93	0.46	2.97	0.48	211.21
	54	81.2	9.08	38.6	7.44	1.42	5.17	0.85	5.74	1.08	3.24	0.45	2.87	0.36	211.5
	34	64.6	7.73	29.7	5.47	1.11	4.83	0.68	4.14	0.85	2.53	0.36	2.49	0.41	158.9
侏倭组 (T$_3$zw)	27.8	55.9	7.03	27	5.29	1.13	5.08	0.76	4.39	0.9	2.51	0.36	2.26	0.38	140.79
	29.4	62.3	7.35	27.7	5.15	1.05	4.46	0.64	3.87	0.79	2.29	0.34	2.22	0.37	147.93
	23	54.5	6.61	27.4	5.19	1.11	5.05	0.78	4.41	0.84	2.43	0.34	2.34	0.37	134.38
杂古脑组 (T$_3$z)	33	74	11	29	3.2	1.15	4.7	2.3	4.9	0.92	1.8	0.24	2.6	0.48	169.29
	49.8	77.7	9	37.5	7.12	1.4	4.97	0.84	5.66	1.08	3.32	0.5	2.82	0.36	202.07

注：测试单位：武汉岩矿综合测试中心、成都冶金测试中心；测试方法：ICP-AES

表 2-7　浊积砂岩元素比值

层位	K$_2$O/ Al$_2$O$_3$	Al$_2$O$_3$/ TiO$_2$	SiO$_2$/ Al$_2$O$_3$	K$_2$O/ Na$_2$O	Cr/Zr	Th/Sc	Cr/Th	LREE/ HREE	δEu	(La/ Yb)$_N$	(La/ Sm)$_N$	(Gd/ Yb)$_N$
新都桥组 (T$_3$xd)	0.13	22.60	6.75	0.80	0.30	0.90	4.05	10.42	0.65	9.06	4.48	1.19
	0.13	15.75	6.10	0.46	0.79	0.79	4.76	9.92	0.59	9.08	3.58	1.56
	0.15	21.38	5.58	0.83	0.35	0.84	5.37	8.75	0.65	8.28	3.41	1.56
	0.09	20.96	6.78	0.28	0.25	0.82	5.67	7.46	0.66	7.46	2.88	1.81
侏倭组 (T$_3$zw)	0.17	20.61	5.63	0.77	0.31	1.19	3.71	8.88	0.66	8.03	3.13	1.61
	0.16	21.06	4.85	0.95	0.56	0.72	8.34	7.11	0.66	5.96	2.43	1.73
	0.16	21.09	6.10	0.58	0.37	0.74	5.26	6.12	0.53	5.01	1.58	1.22
杂古脑组 (T$_3$z)	0.17	22.95	5.06	0.89	0.34	0.95	5.95	8.44	0.91	7.69	5.66	1.45
	0.11	21.59	5.55	0.49	0.52	0.66	7.05	9.34	0.68	10.70	3.84	1.42
	0.13	23.44	5.58	0.57	0.29	1.13	3.69	—	—	—	—	—
	0.13	23.17	5.75	0.42	1.22	0.93	4.24	—	—	—	—	—

与 PAAS 相比，砂岩样品具有富集 SiO$_2$（1.12×PAAS）、CaO（1.36×PAAS）、Na$_2$O（2.45×PAAS），贫 Al$_2$O$_3$（0.67×PAAS）、Fe$_2$O$_3$（0.25×PAAS）、MgO（0.68×PAAS）、K$_2$O（0.50×PAAS）、MnO（0.66×PAAS）、TiO$_2$（0.60×PAAS）、P$_2$O$_5$（0.87×PAAS）的特征（图 2-17）。

样品中大离子亲石元素的平均含量均低于 PAAS，Rb（0.58×PAAS）、U（0.67×PAAS）、Sr（0.68×PAAS）、Ba（0.72×PAAS）、Th（0.77×PAAS）；过渡元素平均含量较低，Co（0.66×PAAS）、V（0.57×PAAS）、Cr（0.55×

PAAS)、Cu(0.36×PAAS)、Sc(0.83×PAAS)；高强场元素中除 Hf(0.95×
PAAS)与 PAAS 的含量基本相同外，Nb(5.5×PAAS 要高于 PAAS，Zr(0.69×
PAAS)低于 PAAS(图 2-17)。

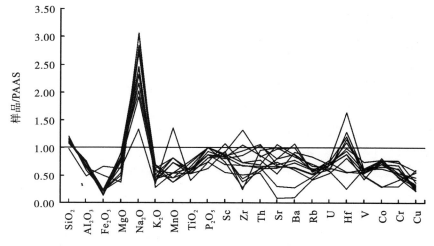

图 2-17　浊积砂岩样品元素比值图

浊积砂岩稀土元素总量较高(表 2-6)，在 $134.38×10^{-6}～211.5×10^{-6}$，平均
含量为 $161.56×10^{-6}$，轻稀土较重稀土相对富集，LREE/HREE 比值为 6.12～
10.42，δEu 为 0.53～0.91，平均为 0.66，具中等的负铕异常，(La/Yb)$_N$值为：
5.01～10.70。在稀土配分曲线图上(图 2-18)，所有样品具有比较一致的配分模
式。从稀土元素的含量上看，样品的轻、重稀土含量均略低于 PAAS 的轻、重
稀土含量。

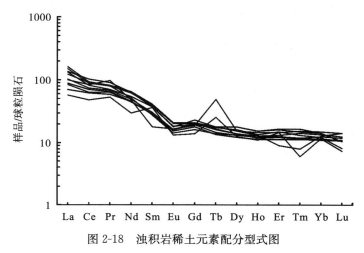

图 2-18　浊积岩稀土元素配分型式图

二、物源区性质及构造背景判别

1. 物源区性质

REEs，Th、Sc 和高场强等元素在水柱中停留时间短，几乎全部进入了沉积物中，这些相容和不相容元素的比例能够区分泥岩和砂岩中长英质和铁镁来源的成分（Taylor and McLennan，1985；McLennan et al.，1993；Cox et al.，1995）。基性岩 LREE/HREE 比值低，无 Eu 异常，而酸性岩通常具有较高的LREE/HREE 比值和负 Eu 异常，稀土配分型式可以被用于来指示物源区的性质（Taylor and McLennan，1985；Wronkiewicz and Condie，1987）。

浊积砂岩样品的 $(La/Yb)_N$ 值的范围为 $5.01 \sim 10.70$，平均为 8.26，表明样品的轻重稀土的分馏程度较高；轻稀土的 $(La/Sm)_N$ 为 $1.58 \sim 5.66$，重稀土的 $(Gd/Yb)_N$ 为 $1.19 \sim 1.81$（表 2-7），表明轻稀土分馏程度较高，而重稀土分馏程度低；δEu 为 $0.53 \sim 0.91$，平均为 0.66，稀土元素的这些特征表明物源区的原始物质是长英质的。

Girty 等（1996）认为，沉积物中 Al_2O_3/TiO_2 值小于 14 时，沉积物物源可能来源于铁镁质岩石，而 Al_2O_3/TiO_2 值在 $19 \sim 28$ 时，物源可能来源于安山质和流纹质岩石（或者花岗闪长质和英云闪长质）岩石。浊积砂岩样品的 Al_2O_3/TiO_2 值除了 1 件样品为 15.75 外，其余样品在 $20.61 \sim 23.44$，平均值为 21.32（表 2-7），表明其主要来源于长英质岩石，而非镁铁质岩石。

Cr 和 Zr 元素主要反映铬铁矿和锆石的含量，所以其比值可以反映镁铁质与长英质对沉积物的相对贡献（Wronkiewicz and Condie，1989），分析样品中除 1 件样品外，其余的 Cr/Zr 值都小于 1（表 2-7），说明源区物质以长英质为主。Taylor 和McLennan（1985）以及 Fedo 等（1997）的研究表明，Th/Sc 值是最适合于用来判别物源区性质的。研究区浊积砂岩样品的 Th/Sc 值变化较大（$0.66 \sim 1.19$），平均值为0.84（表 2-7），整体接近上地壳的 Th/Sc 值（1.0），远远高于下地壳特征值（0.03），表明物源区物质以长英质为主。另外样品的 Cr/Th 值为 $3.69 \sim 8.34$，平均值为5.59（表 2-7），位于 Cullers（1994）所指出的长英质源区的范围。

2. 构造背景判别

Bhatian（1983）对世界不同地区已知构造背景的古代砂岩、泥岩和现代砂、泥质沉积物的常量元素的特征进行了研究，认为常量元素的 $Fe_2O_3^*$（$Fe_2O_3 + FeO$）+MgO、TiO_2 及 Al_2O_3/SiO_2、K_2O/Na_2O 和 $Al_2O_3/(CaO+Na_2O)$ 是大地构造背景判别中最重要的判别参数。

在 TiO_2-$Fe_2O_3^*$ ＋ MgO、Al_2O_3/SiO_2-$Fe_2O_3^*$ ＋ MgO、K_2O/Na_2O-$Fe_2O_3^*$ ＋ MgO 以及 Al_2O_3/($CaO+Na_2O$)图解中(Bhatia，1983)，大部分样品均投在大陆岛弧和活动大陆边缘环境之中(图 2-19)。

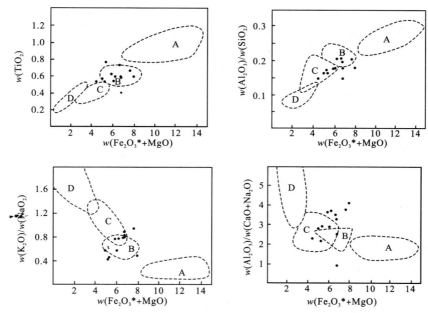

图 2-19　浊积砂岩常量元素构造环境判别图(Bhatia，1983)

A. 大洋岛弧；B. 大陆岛弧；C. 活动大陆边缘；D. 被动大陆边缘

La、Th、Zr、Sc 等元素，在风化搬运和沉积过程中很少受其他地质作用的影响，因此，陆源碎屑的微量元素地球化学特征更适宜于研究源区类型及其大地构造背景(Bhatia and Crook，1986)。在 La-Th-Sc 及 Th-Sc-Zr/10 图解中(Bhatia and Crook，1986)大部分样品均在大陆岛弧区(图 2-20)。

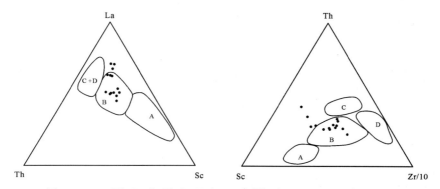

图 2-20　La-Th-Sc 和 Th-Sc-Zr/10 三角图(Bhatia and Crook，1986)

A. 大洋岛弧；B. 大陆岛弧；C. 活动大陆边缘；D. 被动大陆边缘

综合上述岩石地球化学构造背景判别结果，若尔盖地块晚三叠世浊积砂岩的地球化学特征与大陆岛弧和活动大陆边缘沉积物特征一致，反映其物源区的性质为大陆岛弧和活动大陆边缘背景。

第四节　含矿岩系的金及其微量元素特征

新都桥组是本区最主要的含矿层位，目前该区发现的金矿床、矿点绝大部分均产于新都桥组的板岩之中。该浊积岩系的地球化学特征，特别是金及其微量元素在浊积岩建造中的丰度和变化规律，对于了解壤塘—理县金矿带金成矿带的地球化学背景、成矿物质来源等具有重要意义。因此，本次研究重点对新都桥组的地球化学特征及其含矿性进行了研究。

一、新都桥组中金的分布特征

对壤塘—理县金成矿带以外的曼迪新都桥组剖面地层进行了金及其他微量元素含量分析，结果见表 2-8。

表 2-8　新都桥组金及其他微量元素的含量特征

样号 元素	Rp1	Rp3	Rp4	Rp6	Rp8	Rp15	Rp22	Rp27	Rp33	X	F
	板岩	板岩	砂岩	板岩	砂岩	板岩	砂岩	板岩	板岩		
Au	4.6	3.4	3.2	3.9	4.3	3.6	7.6	4.2	4.4	4.36	2.42
Ag	0.068	0.062	0.061	0.063	0.042	0.043	0.039	0.058	0.056	0.055	1.1
As	27.4	25.1	12.7	14.1	15.2	14.4	8.2	21.0	15.5	17.1	11.4
Sb	4.7	4.7	7.0	1.5	3.9	2.1	1.9	2.2	3.9	3.54	17.7
Bi	0.47	0.67	0.30	0.53	0.55	1.06	0.20	0.64	0.42	0.54	2.84
Hg	0.071	0.065	0.013	0.054	0.08	0.052	0.040	0.093	0.045	0.053	0.70
Cu	47.9	52.6	12.5	47.1	24.7	57.0	14.2	43.6	56.1	39.52	1.58
Pb	30.1	28.1	16.8	23.1	18.9	24.3	20.7	26.6	23.8	23.60	1.18
Zn	121.0	124.0	68.0	155.0	85.0	132.0	62.0	127.0	128.0	111.33	1.57
Ni	43.0	43.5	20.4	45.0	27.5	46.0	20.8	43.2	47.2	37.40	1.87
Co	18.4	19.2	11.6	19.4	15.1	20.2	11.6	19.4	20.5	17.27	1.73
Mn	829.0	826.0	373.0	544.0	818.0	685.0	846.0	1080.0	1040.0	782.33	1.30
Cr	92.5	92.8	70.4	105.8	56.0	69.7	49.2	99.9	79.9	79.60	2.27
V	151.0	149.0	78.0	154.0	92.0	158.0	74.0	150.0	161.0	129.67	2.09
Ti	2644.0	2692.0	1954.0	2842.0	2056.0	2950.0	1990.0	2716.0	2848.0	2521.3	0.84

注：金的含量单位为 10^{-9}，其余元素含量单位为 10^{-6}；X 为平均含量，F 为相对于上部大陆地壳 (Taylor，1985)的富集度；测试单位：武汉综合岩矿测试中心

结果表明，新都桥组金的平均丰度为 4.36×10^{-9}，与上部大陆地壳金的丰度 1.8×10^{-9}(Taylor and McLennan，1985)相比，呈现明显的富集特征，富集系数达 2.42(表 2-8)。其中板岩(泥岩)与砂岩金的平均丰度基本一致，分别为 4.02×10^{-9} 和 5.03×10^{-9}。研究区新都桥组金的平均含量与川西北地区中上三叠统浊积岩中金的平均丰度 3.5×10^{-9}(李小壮，1996)相比偏高。含矿带内新都桥组金的平均丰度值达 390×10^{-9}，与矿化带外的背景值相比显示强烈的富集。上述分析表明，新都桥组地层中金的背景值较高，为金的再次活化富集提供了条件，是该区金矿重要的矿源层。

二、新都桥组微量元素分布特征

曼迪剖面新都桥组中其他微量元素测试结果(表 2-8)显示，与上部大陆地壳元素丰度(Talyor and McLennan，1985)相比，新都桥组浊积岩建造具有富集 Au、As、Sb、Bi、Cu、Zn、Ni、Co、Cr、V、Ag、Pb、Mn，而贫 Hg、Ti 等元素的特征，在富集元素中 Au、As、Sb、Bi 的富集度最高，为上部大陆地壳的 $2.24\sim17.07$ 倍。

比较微量元素在砂岩、板岩中的丰度，发现多数微量元素的丰度随着沉积物粒度的减小而增高，其中 Cu、Zn、Ni、V 与板岩相比明显减少(表 2-8)，这可能与黏土矿物对元素的富集性较强有关。另外，从新都桥组微量元素特征曲线图中可以看出，各种微量元素含量在地层垂向上并无明显变化，但是砂岩样品与板岩样品中的微量元素相比，大多数元素如：As、Co、Pb、Ni、Cu、Cr、Zn、V、Ti、Ag、Bi、Fe 等元素具有同步消长的特点，其余元素与岩性变化关系不明显。

对新都桥组的微量元素进行了 R 型聚类分析，结果表明：Au 与其他微量元素相关性弱，独立性强。在 $r_{0.05}=0.2$ 显著性检验条件下，新都桥组含金浊积岩建造存在三个微量元素组合：①Ni、V、Co、Cu、Ti、Zn、As、Pb、Ag、Cr、Bi、Hg、Mn，②Sb，③Au。上述特征说明新都桥组是一套原生含金浊积岩建造。

第五节　地层、沉积环境与金成矿作用的关系

侏倭组、新都桥组是本区浊积岩型金矿的含矿层位，目前发现的金矿床(矿点)主要赋存于新都桥组之中，是最主要的赋矿地层。通过对上述赋矿地层的组成、沉积环境以及地球化学特征的研究，地层、沉积环境与金成矿作用的关系主要表现在为金成矿提供成矿物质、有利于金成矿的沉积环境。

一、提供成矿物质

本区侏倭组、新都桥组等主要的含矿浊积岩系具有较高的金含量，这些主要在沉积过程中富集的金元素，为后期成矿作用过程中金的活化富集提供了条件，构成了本区金矿的矿源层。

通过对壤塘－理县金成矿带外的非构造蚀变的新都桥组的含金性分析，其平均丰度值为 4.36×10^{-9}，与上部大陆地壳金的丰度 1.8×10^{-9}（Taylor and McLennan，1985）相比，呈明显富集特征，富集系数达 2.42。较高的金丰度可为后期成矿提供矿源。另外，该组中沉积的金呈浸染状赋存于硫化物或呈吸附状态存在于黏土矿物、有机质或黏土矿物－有机质聚合物中，金具有较大活动性，在后期构造、岩浆作用下易于发生活化迁移。新都桥组板岩中可见较多沉积形成的细草莓状黄铁矿，其含金量部分高达 $210 \times 10^{-6} \sim 1570 \times 10^{-6}$，而部分含量很低（张均等，2002），反映出本组中确有金富集现象，同时金又极易释放。

二、有利于成矿的沉积环境

对浊积岩系的沉积环境分析表明，若尔盖地块西南缘浊积岩系均形成于缺氧、还原的次深海大陆斜坡的中下部－深海盆地边缘，特别是该区主要的赋矿地层新都桥组形成于深海盆地。不同学者对浊积岩型金矿的沉积环境进行了研究，滇黔桂地区主要金矿床均分布在浊积岩中，沉积环境为大陆斜坡下部（杨成奎，1993）；黔西南金矿有利的成矿环境为广海盆地边缘下斜坡，在斜坡的某些地带形成含金背景较高的矿源层（李文亢等，1986）；甘孜—道孚地区三叠系含金浊积岩的形成环境为大陆边缘半深海区（王小春和何刚，1994）。可以看出，研究区浊积岩型金矿床的产出环境与国内同类矿床的产出环境是基本一致的。因此，次深海大陆斜坡的中下部－深海盆地边缘形成的浊积岩对金矿的形成有着明显的控制作用，也是金矿形成的有利环境，这种环境下形成的浊积岩可作为寻找此类金矿的地层标志。

第三章 岩浆作用与金成矿

　　若尔盖地块西南缘广泛发育燕山期侵入岩，其中集中分布于壤塘—理县断裂带的中、基性岩脉与金成矿具有密切的时空及成因关系。中、基性岩脉主要以脉状侵位于三叠纪地层之中，其空间展布方向与区域构造线方向一致，呈近东西向展布。岩脉的规模不大，一般在十几米至几十米。出露有闪长岩、石英闪长岩、花岗闪长岩及它们的浅成或超浅成相岩石，并在壤塘金木达附近发现有煌斑岩脉。由于后期构造的破坏，多呈无根块体产出。岩浆作用对金成矿作用的贡献表现在提供成矿物质、热源、流体及赋矿空间等方面。

第一节　岩石学特征

一、闪长岩类

　　为研究区分布较广的岩类之一，集中产出于壤塘的金木达矿区一带，其他地段分布零星。该岩类广泛见及浅成或超浅成相闪长玢岩，深成相闪长岩次之，另见少呈浅成相微晶闪长岩。均呈脉状产出，一般厚几米至十几米，延伸长十几米至上百米。岩脉主要侵位于晚三叠世新都桥组绢云板岩中，但多数地方这种侵入接触关系被断裂改造。接触

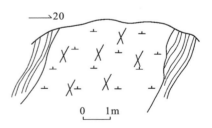

图 3-1　闪长玢岩与围岩的侵入接触关系

面一般呈微波状，总体与围岩面理平行(图 3-1)。接触带围岩无明显的热接触变质现象，岩体内部也无其他蚀变及细粒化现象，显示岩脉侵位时处于较为开放环境，热力散失较快，属典型的被动就位。

1. 闪长玢岩

岩石风化后呈浅灰黄色，新鲜面呈浅绿灰色。岩石具斑状结构，基质具微-细粒结构，块状构造。斑晶以斜长石为主，次为黑云母，含量一般2％～9％，个别高者达21％～45％。斜长石呈自形板状，具钠长双晶，An为25～35，$d=$0.15～2.3mm，多数颗粒具较强的绢云母化、碳酸盐化；黑云母为棕色片状，$d=$0.5～5mm，多数具绿泥石化、碳酸盐化，并析出钛铁质。基质以斜长石及暗色矿物为主，石英少量。其中斜长石呈它形粒状-半自形板状，$d=$0.05～0.2mm，具强烈绢云母化。暗色矿物以黑云母为主，次为白云母，少见绢云母，石英（<5％）呈他形粒状。副矿物为磷灰石、黄铁矿。

2. 闪长岩

绿灰色，具细粒结构，块状构造。主要矿物：斜长石，含量一般为63％～78％，个别50％～56％，呈自形板状，具钠长双晶，An为30左右，多数具强绢云母化，$d=$0.3～2mm。暗色矿物含量一般为15％～30％，个别达40％～45％。成分以黑云母为主，部分岩中见白云母、普通角闪石。其中黑云母为棕色、绿色片状，杂乱分布，个别岩石中因构造作用具定向性；普通角闪石，自形柱状，$d=$0.2～2.5mm，具红褐色-浅黄色多色性，斜消光，Ng'^C=15～20；白云母呈片状。暗色矿物一般具较强绿泥石化。次要矿物为石英（1％～3％），他形粒状。部分岩中见钾长石（<3％），呈它形粒状，$d=$0.2～1.0mm，具显微文象结构。副矿物为磷灰石。

3. 微粒（晶）闪长岩

岩石呈浅灰色，具微粒结构、块状构造。主要矿物：斜长石（65％～70％），它形粒状-半自形板状，见钠长双晶，An为30左右，$d=$0.05～0.2mm，部分颗粒具绢云母化。片状矿物（28％～30％）以黑云母为主，部分白云母，杂乱分布于岩石中。石英（<2％）呈他形粒状。副矿物为钛铁矿。

二、石英闪长岩

侵位于新都桥组绢云板岩中，但多被断裂改造而呈构造透镜体产于断裂带中。在壤塘金木达等地见其与闪长岩呈脉动接触，接触面较平直，未见蚀变，闪长岩中发育一组早期定向组构，并被石英闪长岩切割，显示石英闪长岩晚于闪长岩就位（图3-2）。

岩石呈灰-绿灰色，细粒结构，块状构造。主要矿物：斜长石（58％～76％），自形板状，$d=$0.3～2mm，具钠长双晶，An为25～35，多数具强绢云

母化，仅保留长石板状外形。暗色矿物（15%
～30%）为黑云母、普通角闪石。其中黑云母
大部分已绿泥石化，仅少量呈自形棕色片状。
普通角闪石均已绿泥石化、碳酸盐化，仅保
留短柱状外形。次要矿物为：石英（2%～
12%）呈他形粒状，$d=0.3\sim0.8mm$，钾长石
（<5%），他形粒状，$d=0.3\sim1mm$，具显微
文象结构。副矿物为柱状磷灰石。

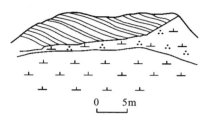

图 3-2　闪长岩与石英闪长岩的脉动接触

三、花岗闪长岩类

为出露最广的侵入岩类，其深成相花岗闪长岩呈小岩瘤产出，其他广泛分
布的为其浅成相岩石–花岗闪长斑岩。斑岩呈脉状侵位于三叠纪地层中，多产于
壤塘—理县断裂带外侧。花岗闪长岩类与围岩较多地保留了侵入接触关系，接
触面较平直或呈微波状起伏，与围岩层理（劈理）平行（图 3-3），接触带岩体边缘
有细粒化现象。

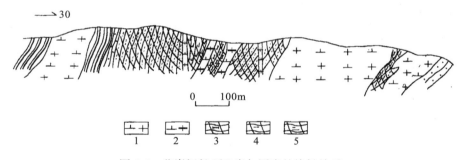

图 3-3　花岗闪长（斑）岩与围岩的接触关系

1. 花岗闪长岩；2. 花岗闪长斑岩；3. 透辉石角岩；4. 黑云角岩；5. 板岩

1. 花岗闪长岩

岩石呈浅绿灰色，具细粒花岗结构，块状构造。主要矿物：斜长石（50%），
自形板状，$d=0.3\sim2mm$，个别 $2\sim3mm$，钠长双晶、卡钠双晶，环带构造，最
大消光角法测得 An 为 $30\sim35$，部分颗粒具绢云母化。钾长石（9～10%），它形
粒状，$d=0.2\sim2.5mm$，表面浑浊。石英（25%～27%），他形粒状，$d=0.2\sim
1.3mm$。暗色矿物（15%～16%），以黑云母为主，少量普通角闪石。其中黑云
母呈自形片状，棕红色，部分颗粒见绿泥石化；普通角闪石呈自形柱状，淡绿
色–浅黄色多色性，斜消光。副矿物为磷灰石、锆石。

2. 花岗闪长斑岩

岩石呈灰色，具斑状结构，基质具微粒结构、隐晶质结构，块状构造。斑晶含量一般 5%～20%，个别 20%～35%，成分以斜长石、黑云母为主，次为石英，少数见有钾长石、白云母。其中斜长石斑晶呈自形板状，$d=0.1～3mm$，具聚片双晶、纳长双晶，环带构造，An 为 10～20，多数具强绢云母化，仅保留长石外形；黑云母呈棕红色，自形片状，$d=0.25～2.5mm$。部分具绿泥石化，析出钛质；石英呈圆状、他形粒状，普遍具熔蚀港湾状外形，$d=0.3～1mm$；钾长石斑晶呈它形粒状，具文象结构，$d=0.2～1mm$；白云母呈片状。基质以斜长石为主，次为石英、白云母，个别岩中见黑云母。其中具微粒结构者可见斜长石具它形粒状－半自形板状，$d=0.05～0.15mm$，具绢云母化、碳酸盐化。石英它形粒状，$d=0.02～0.2mm$，隐晶质者仅见长英质呈隐晶质颗粒。白云母、黑云母均呈片状杂乱分布。副矿物为磷灰石、锆石、黄铁矿。

四、花岗斑岩

属花岗岩的浅成或超浅成相岩石。岩体呈脉状产出，厚 2～3m，延伸长百余米，呈 NWW 向侵位于杂谷脑组、侏倭组及新都桥组中。在远离壤塘－理县断裂带的地方可见其与围岩呈侵入接触，接触面较平直且平行于围岩面理，围岩未见蚀变，岩体内除节理外无其他组构。而在断裂带中，岩脉均被断裂改造，与围岩呈断层接触。

岩石呈浅灰－灰白色，具斑状结构，基质微粒结构、隐晶质结构，块状构造。斑晶（7%～37%），成分以钾长石、石英、斜长石为主，次为黑云母、白云母。其中钾长石呈它形粒状，普遍具文象结构，$d=0.08～1.5mm$；斜长石呈自形板状，具钠长双晶，$d=0.08～1.8mm$，An 为 15～25，具绢云母化；石英呈熔蚀圆状，熔蚀港湾状；片状云母杂乱分布。基质（63%～93%）以微粒或隐晶质长英质为主，呈微粒者 $d=0.02～0.08mm$，次为白云母片状杂乱分布。

五、煌斑岩脉

煌斑岩脉是区内唯一的脉岩类，仅发现产于壤塘－理县断裂带内的壤塘金木达矿区及其附近，侵位于新都桥组板岩中。脉岩产出特征及规模与其他岩体相似。按矿物实际含量，根据 IUGS 推荐的分类命名表，本区煌斑岩均属闪斜煌斑岩，属一种与花岗闪长岩类密切联系的伴生基性－超基性脉岩。

闪斜煌斑岩岩石呈灰－深灰色，风化后黄灰色，具煌斑结构，块状构造。斑晶含量一般 2%～7%，个别达 25%左右。成分以普通角闪石为主，少量斜长石。

普通角闪石呈自形柱状，$d=0.4\sim1.5mm$，棕红色，斜消光，$Ng'^{\wedge}C=13\sim18$，可见简单双晶。斜长石自形板状，$d=0.4\sim1.7mm$。基质中，普通角闪石一般40%～55%，特征与斑晶一致，唯粒度略小，$d=0.4\sim1.1mm$，具绿泥石化；斜长石(40%～30%)，半自形板状、它形粒状，$d=0.3\sim1.0mm$，普遍具绢云母化，石英(3%～7%)，他形粒状，$d=0.05\sim0.15mm$。副矿物为磷灰石、石榴子石。

第二节　岩石地球化学特征

本次研究，重点对壤塘—理县断裂带内及两侧不同类型侵入岩进行了岩石化学分析。

一、主量元素地球化学特征

侵入岩主量元素分析结果见表 3-1。

闪长(玢)岩类由于岩石蚀变较强，测试值 SiO_2 含量变化较大，介于44.96%～63.47%，但比较集中于 50.09%～52.82%，明显低于中国同类岩石平均值，反映出本区闪长(玢)岩类的贫硅特点。Al_2O_3 介于 11.83%～17.99%，在图 3-4、图 3-5 上 3 个样品集中于铝过饱和区，3 个样品介于次铝质区，相应的暗色矿物组合应为以黑云母为主及黑云母+角闪石+辉石，与实际调查相一致。Fe_2O_3 含量为 0.82%～1.41%，多集中于 1.12%～1.41%，FeO 含量为2.95%～6.02%，多集中于 5.05%～6.02%，MgO 介于 2.33%～10.81%，变化较大，多集中于 5.61%～10.81%。把 $FeO/(FeO+MgO)$ 分子比值在图 3-5 中上投点，结果均属镁质区，进一步划分以铁镁质为主，部分属高镁质。MnO 含量变化于 0.06%～0.18%，CaO 含量介于 1.30%～10.55%，Na_2O 含量介于2.21%～3.71%，K_2O 含量介于 0.52%～1.79%，变化均较大，表现出 $Na_2O>K_2O$ 的特征，在 $K_2O/(Na_2O+K_2O)$ 分子比值投图上绝大部分位于钠质高钠区，个别落入极高钠和钾钠区(图 3-5)。P_2O_5 含量变化于 0.09%～0.16%比较集中，TiO_2 含量介于 0.51%～1.08%，集中于 0.51%～0.75%，在岩石化学指数图上均属低钛范围，且为其很低钛区域(图 3-5)。CO_2 含量介于 0.10%～7.73%，集中于 5.85%～7.73%，反映岩石可能多具碳酸盐化。H_2O^+ 比较集中分布于2.76%～4.06%。上列化学成分分析表明，与中国同类闪长岩相比，本区闪长岩类具 Si、Fe^{2+}、Mg、Ca 变化大，高 Fe^{2+}、Mg，低 Ti、Fe^{3+}、Na、K 的特点。

表 3-1　侵入岩主量元素分析结果表

单位：%

样号	岩石名称	SiO_2	TiO_2	Al_2O_3	Fe_2O_3	FeO	MgO	CaO	Na_2O	K_2O	MnO	P_2O_5	CO_2	H_2O^+	总和	δ	A.R	D.I	S.I	A/NCK
N041b1	花岗斑岩	74.24	0.14	13.88	0.76	0.38	0.26	1.33	5.21	1.5	0.01	0.04	0.97	1.11	99.8	1.44	2.58	89.5	3.22	1.1
S519b2		74.78	0.1	15.31	0.39	0.48	0.27	0.19	4.12	2.57	0.01	0.04	0.07	1.49	99.8	1.4	2.52	92	3.43	1.54
平均值		74.51	0.12	14.6	0.58	0.43	0.26	0.76	4.67	2.04	0.01	0.04	0.52	1.3	99.8	1.42	2.55	90.75	3.33	1.32
Kp7b1	花岗闪长斑岩	66.94	0.27	14.68	0.4	1.3	0.64	1.73	3.48	3.84	0.02	0.08	0.07	1.02	94.5	2.23	2.61	80	6.6	1.12
N229b1		75.66	0.16	14.64	0.99	0.23	0.27	0.22	2.86	2.73	0.01	0.04	0.21	1.78	99.8	0.96	2.21	89.6	3.84	1.82
N101b1		75.18	0.04	15.29	0.63	0.47	0.21	0.16	3.61	2.19	0.01	0.02	0.03	2.02	99.9	1.04	2.2	90.16	2.96	1.78
N260b1		72.46	0.3	15.34	2.11	0.4	0.48	0.33	2.66	3.44	0.03	0.09	0.07	2.09	99.8	1.26	2.27	86.8	5.35	1.76
N259b1		69.26	0.41	15.24	0.84	1.83	0.75	2.1	3.28	3.92	0.03	0.12	0.28	1.7	99.8	1.97	2.42	81.4	7.06	1.13
S480b2		73.60	0.1	15.13	0.63	0.5	0.22	0.71	4.59	2.36	0.02	0.05	0.38	1.5	99.8	1.58	2.56	90.3	2.66	1.33
S463b2		70.37	0.23	15.05	1.53	0.5	0.59	2	2.84	3.28	0.04	0.08	1.22	2.04	99.8	1.37	2.12	81.9	6.8	1.27
平均值		71.92	0.22	15.05	1.02	0.75	0.45	1.04	3.33	3.11	0.02	0.07	0.32	1.74	99.0	1.49	2.34	85.74	5.04	1.46
Kp2b2	花岗闪长岩	65.30	0.5	15.27	0.77	3.07	2.5	1.75	3.26	3.54	0.06	0.13	0.87	2.69	99.7	2.07	2.33	74.8	19.02	1.23
Kp5b1		66.90	0.4	15.48	1.46	2.13	1.8	3.22	2.98	3.73	0.05	0.13	0.03	1.35	99.8	1.88	2.12	73.4	14.87	1.05
平均值		66.13	0.48	15.37	1.12	2.6	2.15	2.49	3.12	3.64	0.06	0.13	0.45	2.02	99.8	1.98	2.23	74.1	16.95	1.14
S513b1	石英闪长岩	68.88	0.37	16.68	1.73	1.47	0.78	0.68	3.53	2.97	0.06	0.14	0.14	2.27	99.7	1.63	2.2	83.27	7.48	1.63
S529b1		53.87	0.6	15.4	0.87	5.1	6.72	5.32	2.46	1.23	0.11	0.12	3.71	4.25	99.8	1.25	1.55	50.36	41.02	1.85
平均值		61.38	0.49	16.04	1.3	3.29	3.75	3	3	2.1	0.09	0.13	1.93	3.26	99.8	1.44	1.88	66.82	24.25	1.74
S486b1	闪长岩	52.82	0.72	13.57	0.82	6.02	6.35	5.84	3.29	0.52	0.13	0.16	5.85	3.67	99.8	1.48	1.49	42.9	37.35	0.82
S381b1		62.5	0.51	15.28	1.41	2.95	2.56	3.8	3.73	1.64	0.07	0.13	2.4	2.76	99.7	1.48	1.78	65.9	20.83	1.03
S508b2		63.47	0.75	17.99	1.12	3.77	2.33	1.3	3.71	1.79	0.06	0.14	0.1	3.26	99.8	1.48	1.8	71.3	18.3	1.73

续表

样号	岩石名称	SiO_2	TiO_2	Al_2O_3	Fe_2O_3	FeO	MgO	CaO	Na_2O	K_2O	MnO	P_2O_5	CO_2	H_2O^+	总和	δ	A.R	D.I	S.I	A/NCK
平均值		59.60	0.66	15.61	1.12	4.25	3.75	3.65	3.58	1.32	0.09	0.14	2.78	3.23	99.8	1.48	1.69	60.03	25.49	1.19
S467b₁		44.96	0.64	11.83	1.2	5.78	10.8	10.6	2.61	0.87	0.18	0.09	6.27	3.89	99.7	6.18	1.56	30.5	50.8	0.91
S467b₄	闪长岩	50.09	0.52	11.73	1.15	5.05	9.15	6.93	2.21	0.86	0.14	0.1	7.73	4.06	99.7	1.33	1.39	33.65	49.67	0.68
S514b₁		52.53	1.08	17.25	1.14	5.33	5.61	6.68	2.8	1.54	0.12	0.11	1.71	3.86	99.8	1.98	1.49	43.56	34.16	1.13
平均值		49.19	0.75	13.6	1.16	5.39	8.52	8.05	2.54	1.09	0.15	0.1	5.24	3.94	99.7	3.16	1.48	35.9	44.88	0.91
S664b₁	煌斑岩	55.91	0.87	15.44	1.02	5.83	6.69	5.14	2.91	1.43	0.11	0.16	0.8	3.41	99.7	1.46	1.53	43.92	37.42	0.98

注:测试单位:武汉岩矿测试中心

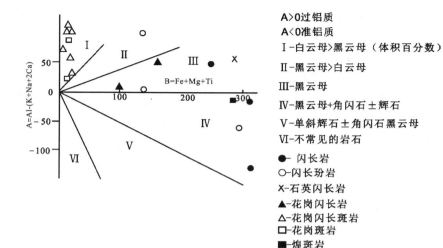

图 3-4　侵入岩类的特征矿物图解

石英闪长岩两件测试样品，除 TiO_2（$0.37\%\sim0.6\%$）、MnO（$0.06\%\sim$ 0.11%）、P_2O_5（$0.12\%\sim0.14\%$）、Al_2O_3（$15.40\%\sim16.68\%$）比较接近外，其他呈向相反方向变化。以样品新鲜度看，本区石英闪长岩代表性 SiO_2 为 53.87%，Al_2O_3 介于 $16.68\%\sim15.40\%$、Fe_2O_3 为 $0.87\%\sim1.73\%$，FeO 为 5.10%，MgO 为 6.72%，CaO 为 5.32%，Na_2O 为 2.46%，K_2O 为 1.23%，$Na_2O>K_2O$。岩石化学指数图解反映为高 Al、低 Ti，FeO/（FeO+MgO）分子比值图上铁镁质、镁铁质均有分布，K_2O/（Na_2O+K_2O）分子比值图则为钠质高钠区、钾钠区（图 3-5）。与中国同类岩石相比，本区石英闪长岩则属贫 Si、Fe^{2+}、Na、K，高 Mg、Ca 岩石，与闪长岩类相当。

花岗闪长（斑）岩类 SiO_2、FeO、MgO、CaO 在深成相、（超）浅成相岩石间有着区别：斑岩类 SiO_2 介于 $66.94\%\sim75.66\%$，多集中于 $70.37\%\sim75.66\%$，CaO 含量为 $0.16\%\sim2.10\%$，集中于 $0.16\%\sim0.71\%$，图 3-5 中铁质、镁质均有分布，而深成相岩石成分接近变化不大，其中含量 SiO_2 为 $65.31\%\sim66.94\%$，CaO 介于 $1.75\%\sim3.22\%$，MgO 为 $1.80\%\sim2.50\%$，FeO $2.31\%\sim3.07\%$，图 3-5 中属铁镁质区。其他化学成分在两相之间均较为接近，其中 Al_2O_3 比较集中为 $14.64\%\sim$ 15.48%，且多大于 15%，属高铝岩石（图 3-5）。在图 3-4 中属铝过饱和区域，相应暗色矿物组合以白云母为主。Fe_2O_3 介于 $0.40\%\sim2.11\%$，变化较大，多集中于 0.77% 以上。Na_2O 变化不大，为 $2.66\%\sim4.59\%$。K_2O 介于 $2.19\%\sim3.84\%$ 变化不大，在图 3-5 中属钠质钾钠区。TiO_2 含量为 $0.04\%\sim0.51\%$，且多集中于 $0.23\%\sim0.41\%$，反映出花岗闪长岩以低钛为主。P_2O_5 变化介于 $0.02\%\sim0.13\%$，CO_2 介于 $0.03\%\sim1.22\%$，H_2O^+ 则为 $1.02\%\sim2.69\%$，变化均较大。可见，花岗闪长岩类造岩元素氧化物的地球化学特征是：SiO_2、Ca、Mg、Fe、Ti、P 变化较

大，且存在着高钠及高钾的特点，其他元素变化不大。与中国同类岩石相比，本区花岗闪长岩类具明显的富 Si、K，贫 Al、Fe、Mg、Ca 的特征。

花岗斑岩类除 CaO 含量（0.19%～1.33%）为变化较大外，其他元素氧化物均较稳定。SiO_2 介于 74.24%～74.78%，TiO_2 0.10%～0.14%，岩石化学指数图解上属低钛质的极低钛区（图 3-5）。Al_2O_3 介于 13.88%～15.31%，分属低铝及高铝质（图 3-5），特征矿物图解上（图 3-4）也为铝过饱和区，暗色矿物以白云母为主。FeO 为 0.38%～0.48%，MgO 为 0.26%～0.27%，在图 3-5 中属镁质铁镁区，Na_2O 介于 4.12%～5.12%，K_2O 变化于 1.50%～2.57%，$Na_2O > K_2O$，在图 3-5 中属钠质高钠及钾钠区，Fe_2O_3 介于 0.39%～0.76%，P_2O_5 为 0.04%，MnO 为 0.01%，H_2O^+ 介于 1.11%～1.49%，而 CO_2 则变化于 0.07%～0.87%。与中国花岗岩平均值相比，本区花岗斑岩除 SiO_2 略高外，其他多低于平均值。

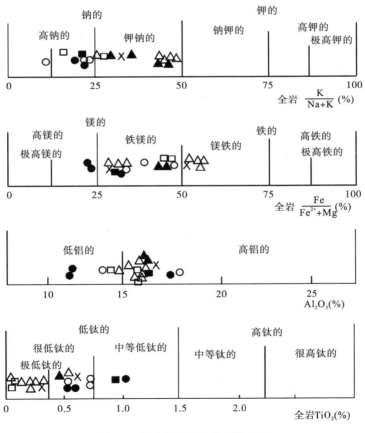

图 3-5 侵入岩岩石化学指数图解

（样品符号同图 3-4）

　　闪斜煌斑岩脉由于蚀变较强，仅选择了 1 件样品进行了岩石化学分析。其岩石化学指数投图显示为高铝、中等低钛及高钠质、镁质铁镁的特征（图 3-5）。相对于其他同类与花岗岩伴生的煌斑岩平均值而言，本区煌斑岩除 SiO_2 略高外，其他均明显低于平均值。

　　闪长（玢）岩组合指数（σ）为 1.33～1.98，极个别不具代表性的为 6.18；石英闪长岩介于 1.25～1.63；花岗闪长（斑）岩为 0.96～2.23；花岗斑岩为 1.40～1.44。上述不同岩石类型的 σ 多小于 1.8，属钙性岩系（拉森峰型），部分为 1.8～2.23，属钙碱性岩系。从闪长岩-花岗斑岩 σ 值变化不大，显示成岩过程中结晶分异作用明显。闪长岩类碱度率（AR）为 1.39～1.80，花岗岩类为 2.12～2.61，明显分开，变异图中主体属钙碱性岩系，仅个别投点为碱性甚至强碱性（图 3-6）。阳离子标准矿物 Ol'-Ne'-Q' 投图全部投点均位于亚碱性系列（图 3-7）。上述特征表明本区侵入岩类多属钙碱性系列。

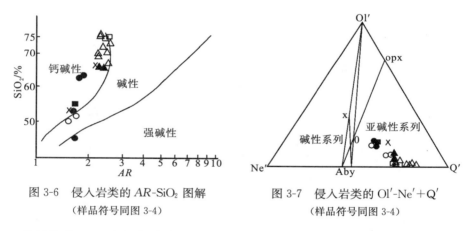

图 3-6　侵入岩类的 AR-SiO_2 图解　　　　图 3-7　侵入岩类的 Ol'-Ne'+Q'
（样品符号同图 3-4）　　　　　　　　　　（样品符号同图 3-4）

　　分异指数（DI）在闪长岩类集中为 30.5～43.56，固结指数（SI）则为 34.16～50.8，石英闪长岩 DI 为 50.36～83.27，SI 为 7.48～41.02，向花岗岩类，DI 增至 73.4～92，SI 降为 2.66～14.87。在 SI-氧化图解中（图 3-8），多数氧化物与固结指数相关性较好，表明成岩过程中分异作用占主导地位，但也有同化混染用岩作用的参与。

　　闪长岩类 A/NCK 值变化于 0.68～1.73，集中于 0.68～1.03，小于 1.10，与 Chappell 和 White（1992）定义的"I"型花岗岩范围一致，且属次铝质岩石，而石英闪长岩、花岗闪长岩、花岗斑岩类绝大多数为 1.10～1.85，属过铝质岩石，与"S"型花岗岩范围一致。

　　本区侵入岩由闪长（玢）岩-石英闪长岩-花岗闪长岩-花岗斑岩组成，SiO_2 含量呈有规律的增高，随着 SiO_2 的增高，其他岩石化学成分呈现如下变化特征（图3-9）：Na_2O、K_2O 明显增加，MgO、CaO、FeO、MnO、P_2O_5、TiO_2 有规律地降低，Al_2O_3、Fe_2O_3 变化不明显，且在 SiO_2 含量较低地段出现分支；多数氧化物均随 SiO_2 含量变化而协调变化，显示了较好的相关性，预示各岩类为同源岩浆演化序列。成分变异图中个别氧化物在 SiO_2 较低地段出现分支，可能与岩石的交代－蚀变有关；铝指数显著增加，分异指数增多，表明向花岗岩类分异度渐好。在 K-Na-Ca 及 $Fe^{2+} + Fe^{3+} - Na + K - Mg$ 图解中，显示由富 Ca、Mg 向富 Na、K 方向演化，而 Fe 质变化不大（图 3-10）；随着固结指数降低、分异指数增

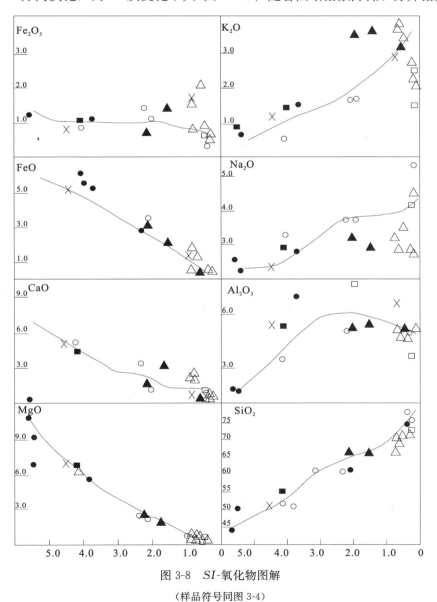

图 3-8　*SI*-氧化物图解

（样品符号同图 3-4）

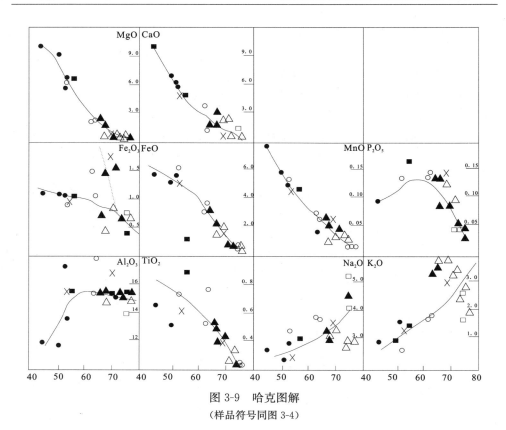

图 3-9 哈克图解

（样品符号同图 3-4）

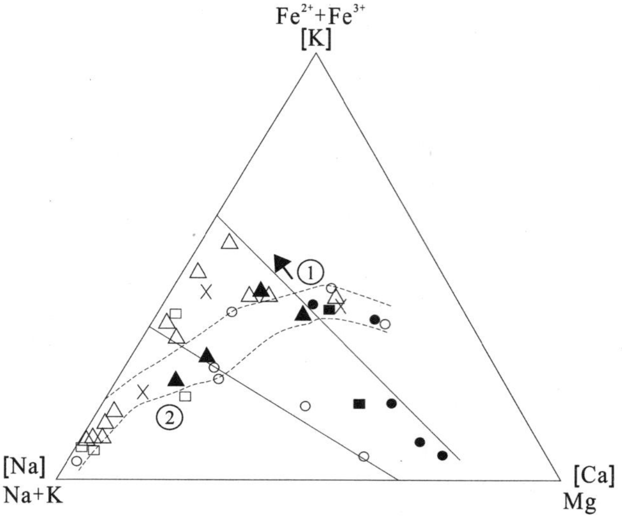

图 3-10 侵入岩类的原子质量百分比图解

①K-Na-Ca；②Fe²⁺＋Fe³⁺-Na＋K-Mg ➤ 演化方向

高，各氧化物也呈有规律变化，显示了同源岩浆演化序列特征，且岩石成分改变的原因以结晶分异作用为主。

上述常量元素地球化学特征表明，本区侵入岩属同源岩浆演化序列，且均为钙碱性系列。成分变异的良好相关性揭示了同源演化特征，但个别地段出现分支表明岩石成分改变的原因除结晶分异作用外，尚有其他作用参与。

二、微量元素地球化学特征

侵入岩微量元素分析结果见表 3-2。

相对于维诺格拉多夫(1962)中性岩微量元素平均值，本区闪长岩(石英闪长岩)类总体富 Zn、Co、Ni、V、Cu、Th、Cr、Hf、Sc，富集系数一般为 1.21～3.04，而 Cr、Sc 异常，高达 9.24～10.25。贫 Ba、Sr、Rb、Pb、Zr、Nb、V，其中 Ga 含量无多大变化(图 3-11)。相对维诺格拉多夫(1962)酸性岩微量元素平均含量，本区花岗岩类除 Zn、Cu、Pb、Hf 富集外，其他多不同程度偏低，富集系数一般为 1.05～4.53，其中 Cu 高达 6.75～10.36(图 3-12)。而与地壳丰度值(黎彤，1976)比较(图 3-13)，本区侵入岩除个别元素富集外，多低于地壳丰度值。特征值 K/Rb 介于 146～294，与重熔型花岗岩及我国华南中生代花岗岩范围一致；Rb/Sr 值介于 0.06～4.3，变化较大，反映了壳源混合型岩浆源的特征；Zr/Hf 值介于 20～37，Th/U 值变化于 5～17，变化均不大，显示了同源岩浆演化序列的特征。

从闪长岩类(石英闪长岩)-花岗岩类来看，具以下变化特征：微量元素含量逐渐减少，显示了明显的继承性，在图 3-13 中，过渡元素 Co、Ni、Cr、V 具明显分割性，且"W"形态更加明显，显示了同源岩浆演化序列，且花岗岩类为晚期产物；特征值 K/Rb、Th/U、Zr/Hf 总体也逐渐减小，Rb/Sr 逐渐升高，显示岩浆分异程度渐高及成岩过程中岩浆分异作用明显，而且向花岗岩类源岩浆受上地壳混染更加强烈。

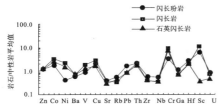

图 3-11　闪长岩类的微量元素配分型式图

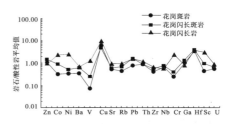

图 3-12　花岗岩类的微量元素配分型式图

表3-2　侵入岩微量元素分析结果表

单位:μg/g

样号	岩石名称	Zn	Co	Ni	Ba	V	Cu	Sr	Rb	Pb	Ta	Th	Zr	Nb	Cr	Ga	Hf	Sc	U	K/Rb	Th/U	Zr/Hf	Rb/Sr	Nb/V
N041b₁	花岗斑岩	78.7	1.8	2.8	237	3.6	67.3	140	73.2	25.1	0.91	20.1	116	15.1	3.6	26.2	4.8	0.9	0.9	205	7	24	0.5	4.19
S519b₂		48.1	1.5	2.9	377	3.4	67.7	200	125	7.5	1.24	15.1	71	15.4	10.3	23.1	3.5	2	1.41	206	11	20	0.6	4.5
Kp7b₁		30	3.1	4	804	12.2	38.7	251	168	30.6	1.08	20	150	13.8	6.8	25.1	5.2	2.9	2.68	229	7	29	7	1.13
N229b₁		63.1	2.3	1.7	662	5.1	43.1	64	116	29.1	0.96	21.7	128	18.3	7	27.3	4.8	1	3.1	235	7	27	1.8	3.59
N101b₁		94.2	0.8	2.9	93	2.2	21.1	35	150	33.1	2	12	60	32.5	3.5	51.7	3.8	1.1	2.26	146	5	16	4.3	14.7
N260b₁	花岗闪长斑岩	117	5.4	7.9	430	16.1	73.5	73	172	21.2	0.5	21.3	169	15.5	15.2	21.5	6.7	5.1	2.52	200	8	25	2.4	0.96
N259b₁		49	6.1	5.1	841	18.5	72.7	280	158	28.9	1.85	19.5	181	12.7	3.7	31.5	4.9	6.5	1.84	249	11	37	0.56	0.69
S480b₂		78.3	1.5	1.9	380	2.4	45.7	410	109	25.4	1.29	14.4	66	16	7.1	24	2.9	0.9	1.6	216	9	23	0.27	6.77
S463b₂		153	5	6.9	441	24.3	74.3	214	168	70.7	1.34	14.9	100	15.7	34.5	24.5	3.4	4.6	2.87	195	5	29	0.79	0.65
Kp2b₂	花岗闪长岩	60.3	12.1	21.9	548	58.2	142	244	207	26.1	94	20.5	132	13.8	77.3	18.7	4.3	11.1	2.46	171	8	31	0.85	0.23
Kp5b₁		57.9	11	17.1	554	52.9	61.3	318	177	35.1	0.85	20.9	121	13	61.3	16.5	4.2	9.8	4.1	211	5	29	0.56	0.24
S513b₁	石英闪长岩	294	5.8	5.1	610	16	243	390	124	87.6	1.53	24.2	243	15.7	6.4	26.2	6.8	2.7	2.56	240	9	36	0.32	0.98
S529b₁		99.7	26.2	90.2	460	34	63.1	248	48.9	12.9	0.84	13.2	110	7.5	377	16.1	3	0.9	0.85	252	16	37	0.2	0.06
S186b₁	闪长玢岩	88.8	25	27.1	226	161	84.6	413	24.2	12.6	1.71	18.3	122	12.5	383	15.5	3.4	22.5	1.08	215	17	36	0.06	0.08
S381b₁		103	16.6	35.3	500	70	97.5	331	64.3	33.5	1.09	15.8	139	11.8	136	26.3	4	11.7	2.32	255	7	35	0.19	0.17
S508b₂		91.6	13	6.7	442	48.5	35.4	300	96.2	32.4	0.85	17.8	160	11	10.6	25.3	4.6	14.9	1.36	186	13	35	0.32	0.23
S467b₁		87.4	37.7	195	524	139	176	385	29.6	15.3	0.91	14.5	97	7.2	494	8.8	3	21	1.57	294	9	32	0.08	0.05
S467b₄	闪长岩	90.4	28.9	136	327	260	59.2	258	32	12.5	0.57	13.9	95	5.9	682	12.8	3.2	32.9	1.04	269	13	30	0.12	0.02
S514b₁		84.7	24.6	42	435	155	63.9	361	62.7	11.6	1.01	17.1	107	8.9	207	23.6	3.2	27.6	1.16	246	15	33	0.17	0.06
S664b₁	煌斑岩	135	28.5	110	570	128	101	311	52.8	15.8	1.31	15.7	149	9.4	328	21.1	4.2	16.4	1.57	271	10	35	0.17	0.07

注:测试单位:武汉岩矿测试中心。

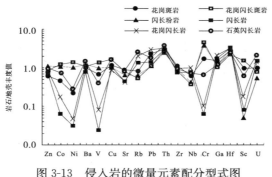

图 3-13 侵入岩的微量元素配分型式图

三、稀土元素地球化学特征

侵入岩稀土元素分析结果见表 3-3。

总体上，各岩类均具较低的 ∑REE，明显低于世界花岗岩平均值 258ppm（维诺格拉多夫，1962），但与南秦岭地区中生代花岗岩平均值（127.55ppm）相当。δEu 在 1.28～0.72，大部样品具弱的负异常，且 δEu 均>0.7，显示岩浆均源于下地壳。配分曲线由平坦—略为右倾型连续变化，形态十分协调，预示为同源岩浆演化序列（图 3-14）。LREE/HREE 值变化于 2.74～32.10，变化较大，但集中于 2.74～9.57，显示为轻稀土弱富集型。

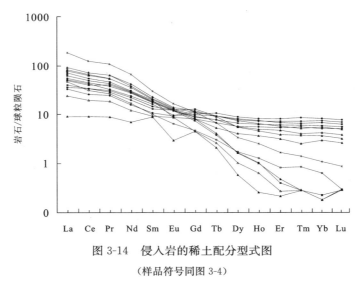

图 3-14 侵入岩的稀土配分型式图

（样品符号同图 3-4）

单位：μg/g

表 3-3　侵入岩稀土元素分析结果表

样号	岩石名称	La	Ce	Pr	Nb	Sm	Eu	Gd	Tb	Dy	Ho	Er	Tm	Yb	Lu	Y	LREE/HREE	ΣREE	δEu
N041b	花岗斑岩	19.2	41.7	5.47	20.7	4.04	0.98	2.15	0.2	0.57	0.08	0.09	0.01	0.05	0.01	1.32	20.56	149.14	0.93
S519b		17.9	30.1	3.58	11.3	2.12	0.52	1.37	0.16	0.62	0.1	0.19	0.03	0.14	0.01	2.59	12.58	70.73	0.89
Kp7b		32.1	62.6	7.35	24.4	4.17	0.94	2.5	0.28	1.43	0.29	0.72	0.09	0.65	0.09	7.67	9.75	145.31	0.83
N229b		34.3	68.9	8.49	26.8	5.02	1.13	2.43	0.21	0.6	0.08	0.11	0.01	0.05	0.01	1	32.14	149.14	0.88
N101b	花岗闪长斑岩	3.38	8.64	1.19	4.72	1.9	0.24	1.28	0.11	0.21	0.02	0.05	0.01	0.04	0.01	0.54	8.84	22.33	0.45
N260b		34.8	69.9	8.57	28.8	5.06	1.07	3.71	0.47	2.01	0.36	0.9	0.13	0.81	0.11	9.48	8.24	166.19	0.73
N259b1		30.2	60	7.27	24.5	4.53	1.05	3.48	0.5	2.59	0.51	1.34	0.19	1.2	0.17	13.7	5.39	151.23	0.79
S480b2		9.13	18.9	2.52	8.46	1.96	0.7	1.31	0.14	0.37	0.05	0.06	0.01	0.04	0.01	1.19	13.1	44.76	1.28
S463b1		18.7	34	3.99	14	2.76	0.63	2.39	0.35	2	0.39	1.08	0.14	0.93	0.13	10.6	4.11	92.08	0.74
Kp2b2	花岗闪长岩	27.9	52.8	6.24	21.4	4.24	0.92	3.45	0.51	3.01	0.6	1.7	0.23	1.65	0.23	16.2	4.12	141.08	0.72
Kp5b1		24.3	47.2	5.72	19.6	3.76	0.99	3.33	0.52	2.9	0.57	1.66	0.24	1.55	0.22	16.3	3.72	128.85	0.85
S513b1	石英闪长岩	70.5	122	15.1	46.4	6.6	1.35	3.34	0.36	1.2	0.2	0.38	0.05	0.24	0.03	4.63	25.12	272.38	0.79
S529b1		13.7	31.7	3.85	13.8	2.91	0.98	2.65	0.42	2.41	0.49	1.39	0.22	1.29	0.19	12.3	3.13	88.29	1.07
S486b1	闪长玢岩	20.3	43.9	4.95	19.4	3.65	0.91	3.42	0.55	3.31	0.64	1.87	0.32	1.87	0.27	18.8	3.0	124.16	0.79
S381b1		20.1	43	5.3	18.8	3.64	1.04	3.4	0.5	2.79	0.58	1.6	0.24	1.56	0.23	15.4	3.49	118.18	0.9
S508b2		16.9	42	4.5	16.2	3.5	0.78	3.02	0.47	2.78	0.62	1.84	0.24	1.68	0.24	13	3.51	107.77	0.73
S467b1	闪长岩	15.1	32.6	3.9	15.4	3.28	0.94	3.29	0.48	3.02	0.58	1.73	0.26	1.56	0.22	16	2.62	98.35	0.88
S467b4		12.6	24.8	3.33	10.8	2.29	0.74	2.24	0.35	2.03	0.43	1.24	0.2	1.12	0.17	10.6	2.97	72.94	1.0
S14b1		15.1	33.3	4.24	15.5	3.16	1.01	2.88	0.48	2.72	0.57	1.66	0.26	1.66	0.24	15.9	2.74	98.67	1.02
S664b1	煌斑岩	18.3	39.1	5.22	19.5	4.1	1.15	3.73	1.15	2.6	0.51	1.33	0.19	1.15	0.16	12.6	3.37	110.16	0.89

注：测试单位：地矿部武汉综合岩矿测试中心

由闪长岩－花岗岩类，稀土元素具以下变化特征：ΣREE 在闪长岩类为 92.94～124.16ppm，花岗岩类为 44.76～151.23ppm，集中于 128.85～151.23ppm，略有增加，预示花岗岩类为稍晚侵入；LREE/HREE 在闪长岩类为 2.63～3.83，石英闪长岩为 3.14，花岗闪长岩类变化于 3.72～32.10，集中于 3.72～13.39，花岗（斑）岩类为 12.73，显示闪长岩、石英闪长岩类稀土分异程度较好，而花岗岩类分异程度较差；稀土元素的三角配分图解中均属 Ce-La 型，表明侵入岩类稀土特点相似，属同源岩浆演化序列。

第三节 侵入岩的时代及侵位特征

一、侵入岩的时代

对区内的侵入岩体进行了较为系统的 K-Ar 同位素年龄测试，测试结果见表 3-4。

表 3-4 侵入岩 K-Ar 同位素年龄值

样号	岩石名称	K/%	Ar^{40} 10^{-6}	$\dfrac{Ar^{40}}{K^{40}}$	空气氩/%	年龄值/Ma
S508b$_2$	闪长玢岩	1.44	0.02105	0.0123	22.2	200.2±3.2
S514b$_1$	石英闪长岩	1.64	0.01676	0.00856	27.1	141.7±3.0
S480b$_2$	花岗闪长斑岩	2.17	0.02726	0.0105	15.1	172.2±2.2
Kp7b$_1$	花岗闪长斑岩	3.37	0.03592	0.00894	1402	147.6±1.9
S467b$_1$	闪长岩（角闪石）	0.46	0.00587	0.0107	49.6	175.4±6.3
N381b$_1$	闪长玢岩	1.11	0.01697	0.0128	14.2	207.9±2.7
S467b$_4$	闪长岩	0.69	0.00932	0.0113	28.9	184.7±3.2
N041b$_1$	花岗斑岩	1.18	0.01769	0.0126	21.3	204.8±2.7
S664b1	煌斑岩	1.25	0.01475	0.00989	22.5	162.6±2.1
Kp5b1	花岗闪长岩（黑云母）	6.26	0.09084	0.0122	11.6	198.6±2.4

注：测试单位：成都地质矿产研究所同位素年龄实验室

上述侵入岩 K-Ar 同位素测年结果表明，年龄介于（207.9±2.7）～（141.7±3.0）Ma，而集中于（207.9±2.71）～（162.2±2.1）Ma，为印支末期—燕山早期的产物。

二、侵位特征探讨

1. 侵位机制

纵观本区侵入岩类各岩体，均表现为断裂扩张（岩墙扩展）式被动侵位，其主要证据是：①岩体呈 NW、NWW 向展布，受控于区域构造，接触带围岩未见岩浆期挤压变形；②接触面平行于围岩面理，表明岩体就位受控于围岩构造，而无需强力开拓空间；③绝大多数岩体周缘未见热接触变质，表明岩体与围岩接触呈"开放"体系，热能散失很快，因而难形成热接触变质，即使孔纳一带少数岩体有热接触变质，其宽度也很有限（400～500m）。这些事实表明，本区侵入岩均以被动就位的岩墙扩展式侵位。

2. 侵位中心与岩浆上升通道

从本区侵入岩的空间分布看，中性岩类集中于西段的金木达矿区一带，向孔纳一带以酸性岩为主，显示了它们各自的侵位中心所在。从侵位时间先后顺序看，表现为侵位中心由西向东迁移。从岩体产于壤塘—理县断裂带及其周缘看，断裂为岩浆上升提供了通道。

3. 岩浆上升速度

在晚期次的花岗闪长岩中发现有闪长质包体，包体最大为 5.6cm×2.5cm×1.5cm，最大半径为 3.81cm。据马昌前等（1994）的研究，岩浆上升过程中，所能挟带的密度一定的包体大小，与岩浆上升过程有关，只有当岩浆上升速度大于包体的下沉速度时，岩浆才可能把它们从深部挟带上来，因而计算出岩体中个体最大的深源包体的下沉速度，就可代表岩浆最小上升速度。利用马昌前等（1994）的估算方法，计算得出花岗岩类最小上升速度为 $1.60×10^{-2}$m/s，由于闪长岩类黏度较小，因而其上升速度较 $1.60×10^{-2}$m/s 大。

4. 侵位深度及剥蚀程度

由于岩体与围岩接触面同围岩面理平行，且为同构造期产物，故采用地层厚度法估算侵位深度。本区各岩体均侵位于三叠系杂谷脑组、侏倭组及新都桥组。本区杂谷脑组厚 993～3323m，侏倭组厚 2063～4523m，新都桥组厚 1097～2564m，反映了深成岩侵位深度为 4～10km；若采用经验公式 $MgO/Al_2O_3×33$ 计算，花岗闪长岩体（孔纳岩体）侵位深度为 3.84～5.4km，斑岩类为 0.48～1.62km。除深成岩体侵位深度有差别外，斑岩类与地质实际相吻合（即<2km，为浅成岩）。

从微量元素 Nb/V 值看，花岗斑岩、花岗闪长斑岩多介于 1.13~14.7，个别 0.69~0.96，表明均经历了较深－中等剥蚀；花岗闪长岩 Nb/V 值介于 0.23~0.24，均<1 属浅剥蚀，而闪长岩类 Nb/V 值介于 0.02~0.98；集中于 0.02~0.17，均属浅剥蚀。

综上所述，本区侵入岩类均以被动机制侵位，其侵位中心具迁移性，斑岩类侵位深度均<2km，而深成岩则一般为 4~5km，深者达 10km，侵位后深成岩剥蚀较浅而斑岩类均遭受了中－深剥蚀。

第四节　岩浆成因及构造环境判别

一、成因类型划分

前已叙及，本区石英闪长岩、花岗岩类 A/NCK 值均>1.10，属"S"型；而闪长岩类 A/NCK 值部分>1.10，少数样品<1.10，若考虑同源岩浆演化，则应归属"S"型为主。在图 3-15 中，花岗岩类、石英闪长岩位于黑云母－斜长石－堇青石区，而闪长岩类部分同上，部分则位于斜长石－角闪石－黑云母区及斜长石－堇青石－黑云母区，也显示同样的特征；A-C-F 图中（图 3-16），绝大多数样品位于"S"型，极个别投"I"型区；在分异指数－氧化物图解中，多数岩类位于改造型花岗岩，部分同熔型，表明本区花岗岩类以"S"型为主，个别兼有混源特征。从本区各侵入岩类稀土配分曲线看，属平坦－右倾型，δEu 负异常不明显，与花岗岩化型花岗岩类似，δEu 均>0.7 表明岩浆来源于下地壳。

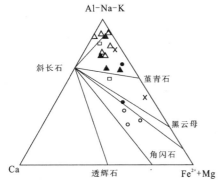

图 3-15　Ca-(Al-Na-K)-(Fe^{2+}+Mg)图解
（样品符号同图 3-4）

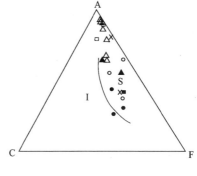

图 3-16　A-C-F 图解
（样品符号同图 3-4）

综上所述，本区侵入岩类岩浆成因来源主体为"S"型，为下地壳部分融熔经花岗石化或分异的改造型花岗岩。

二、构造环境判别

在 Ga/Al-Zr、Nb、Ce、Y 联合图解中，样品绝大多数显示为造山花岗岩；在 Yb-Ta 图解中多位于同碰撞花岗岩区（图 3-17），而 Rb-Y＋Nb 图解（图 3-18）显示了同碰撞及火山弧区花岗岩。大离子亲石元素、氧化物与洋脊花岗岩为标准的配分型式图中，本区花岗岩岩类具典型的高 Rb、Th、Hf，低 Yb、Y 等特征，与中国西藏等地同碰撞花岗岩曲线相一致，显示同碰撞花岗岩特征。

上述岩石化学及微量元素判别显示，本区侵入岩类均属同造山同碰撞花岗岩，结合岩体主要产于壤塘—理县断裂带，且又多受到断裂改造而呈构造透镜体产出，表明本区侵入岩类为松潘—甘孜造山带大规模南北向挤压机制下，滑脱－推覆使地壳增厚，剪切生热并部分形成源岩浆，经分异演化沿断层上侵形成，属与本区主体构造同期形成的同构造环境产物。

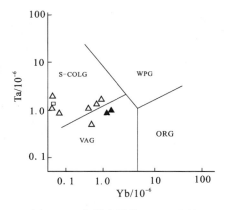

图 3-17　花岗岩类的 Ta-Yb 图解
（样品符号同图 3-4）

S-COLG. 同碰撞花岗岩，VAG. 火山孤花岗岩，
ORG. 洋脊花岗岩，WPG. 板内花岗岩

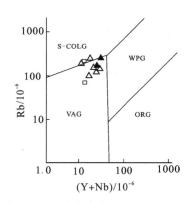

图 3-18　花岗岩类的 Rb-Y＋Nb 图解
（样品符号同图 3-4）

S-COLG. 同碰撞花岗岩，VAG. 火山孤花岗岩，
ORG. 洋脊花岗岩，WPG. 板内花岗岩

第五节　岩浆作用与金成矿的关系

一、岩浆作用与金矿化的时间关系

壤塘—理县金成矿带的金木达、南木达金矿床中，金矿体与闪长岩、闪长玢岩及煌斑岩脉密切共生，碎裂蚀变闪长岩、闪长玢岩是主要的矿石类型。对矿区中闪长岩、闪长玢岩及煌斑岩脉所作的 K-Ar 全岩及单矿物同位素测年结果表明，闪长岩的时代为 175～184Ma，闪长玢岩为 200～207Ma，煌斑岩为162Ma。张均等(2002)对金木达矿区矿石中 5 个脉石英所做的 Rb-Sr 等时线年龄为 187±12Ma，黄铁矿的铅同位素模式年龄为 151Ma 和 155Ma。对比上述岩脉与成矿作用的同位素年龄，二者具有大致相同的时代，这表明金矿化与岩浆热事件是同时或稍后发生的。

二、岩浆作用与金矿化的空间关系

在壤塘—理县金成矿带中，现已发现中性岩(闪长玢岩、闪长岩)、基性岩脉(煌斑岩脉)与金矿化具有十分密切的空间关系。具体表现在，金矿床(点)的分布基本与岩浆岩分区相重叠，如金木达、南木达矿区就是各类侵入岩的集中分布区；更为重要的是金矿体主要产于岩脉与围岩接触带上的构造破碎带中，以及岩体内的低序次的破碎带中(图 3-19)，碎裂蚀变岩脉是金矿的主要矿石类

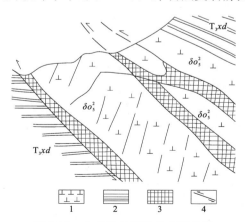

图 3-19　金矿体与岩脉的空间关系

1. 燕山期蚀变闪长玢岩；2. 新都桥组板岩；3. 金矿体；4. 断层

型。远离破碎带矿化强度锐减，完全发育于围岩（板岩）中的破碎带一般都不见矿化。岩脉分布密集的位置往往是成矿最有利的部位，富矿体多产于紧密相邻的脉岩之间的破碎带之中。

三、岩浆作用与金矿化的成因关系

川西北地区浊积岩型金矿的形成与岩浆作用的时空关系已逐渐被人们所认识，但岩浆作用与金矿化之间有无成因上的联系，即岩浆作用是否提供成矿物质，却存在不同的认识。

对川西北地区浊积岩型金矿的成矿物质来源，以郑明华（1994）为代表的认为：三叠纪地层提供金源，岩浆作用在成矿过程中起到了提供热动力条件的作用。由于本区岩脉与金矿体在时空上密切相关，以及在金成带内新发现有煌斑岩脉的出露，这就促使人们对岩浆作用是否提供成矿物质，即与金成矿是否具有成因关系的问题的讨论。

首先，对岩浆作用与金矿化的时间关系的研究表明，金矿的成矿时间与岩浆活动的时间基本一致，表明金成矿与岩浆热事件是同期的产物。金矿床的空间分布位置与岩浆岩的分布位置一致，并具岩浆热液蚀变、交代成因的特点，如在壤塘金木达金矿鱼托寺附近，闪长岩体周围发育大量不规则分布的富石英花岗质交代的脉体，显然与岩浆晚期的富 K_2O、SiO_2 高温热液交代蚀变有关，伴生矿物组分为黄铜矿＋黄铁矿＋磁黄铁矿，呈斑块状集合体产出，显示了岩浆期后热液蚀变的特点。

在壤塘—理县金成矿带西部的金木达矿区内发现了煌斑岩脉，为探讨岩浆岩与金成矿之间的成因关系又提供了新的启发和证据。世界各地的许多金矿床由于与煌斑岩在时空上有密切的关系，从而促使人们探讨金矿床与煌斑岩之间是否有成因上的联系。Rock 和 Groves（1988）指出：钙碱性煌斑岩与中温热液金矿床（太古代至第三纪）之间的关系逐渐为人们所认识，在这种矿床中矿化与煌斑岩是同时也是同空间的，提出了一个煌斑岩与金矿成因关系的模式（简称 R-G模式）。R-G 模式认为，煌斑岩是深部地幔富金源区金的搬运营力，经过地壳拉张作用，产生长英质岩浆或把金释放到变质－热液系统中，煌斑岩可作为斑岩类－花岗岩岩浆和金矿床的母源。金与煌斑岩的关系暗示了在碰撞期后造山带、岛弧、消减带或地堑环境下深部岩浆作用反复地伴随着金的矿化，R-G 模式确定了煌斑岩从地幔搬运 Au 的这一主题思想。R-G 模式发表后，国内许多学者也发表文章探讨煌斑岩与金矿成因的关系。壤塘金成矿带中的煌斑岩脉在时空上与金矿床关系十分密切，其空间分布与金矿床分布是一致的。另外，煌斑岩脉具有较高的金丰度，对 4 件煌斑岩样品进行了痕金分析，其金含量分别为82ppb、70ppb、5ppb、108ppb，高于基性岩中金的丰度 4ppb（维诺格拉多夫，

1962)，同时也大大高于小秦岭地区煌斑岩中 1.1～1.28ppb 的金含量（倪师军等，1994）。煌斑岩中具有较高的金丰度，这就为金矿的形成提供了物质基础。蚀变煌斑岩脉本身已构成了金矿石，在金木达矿区附近的蚀变煌斑岩脉金的品位可达 1.89g/t。从煌斑岩脉与金矿床的成矿时间上来看，煌斑岩脉的 K-Ar 年龄为 162Ma，与金矿的成矿年龄是接近的。上述分析说明，本区煌斑岩与金矿在成因上具有密切的联系，为金矿的形成提供了重要的矿源。

四、岩浆岩对金成矿作用的贡献

通过上述研究，本区岩浆岩对金成矿作用的贡献主要表现在以下三个方面：

（1）提供成矿物质：从上面所讨论的岩浆作用与金矿化的成因关系可知，区内岩浆作用为金矿的形成提供了重要的矿源。

（2）提供热源及流体：张均等（2002）根据对石英流体包裹体测温研究，金矿主要成矿阶段的成矿温度分别为 245℃ 和 295℃，属中高温范围，分布于其他地区的大多数浊积岩型金矿床成矿温度都属于中低温范围。可认为成矿热液的高温来自岩浆岩的加热，即岩浆在侵位、冷凝结晶过程中释放出的热量被地下水所吸收，形成的高温热液从地层中萃取成矿组分，促使成矿物质活化、迁移，并在有利部分沉淀成矿。

（3）提供赋矿空间：区内的矿化集中于脉岩与板岩之间的破碎带，脉岩内部的破碎带也是重要的容矿空间。岩脉在断裂带内遭受强烈的挤压破碎，形成宽度较大的连通弥散性空间，形成本区最重要的构造蚀变岩型金矿。岩浆在侵位、冷凝结晶过程中所产生的一系列裂隙也为金成矿提供了良好的赋矿空间。总之，如果没有岩浆岩中的不同级次的裂隙，也就不可能形成工业矿体。

上述研究表明，壤塘—理县金成矿带中，中−基性岩脉与金成矿无论在时空上，还是在成因上都具有十分密切的关系，岩浆岩为金成矿提供了成矿物质和赋矿空间，在成矿作用过程中扮演了重要的角色，同时也是一个显著的找矿标志。

第四章 构造作用与金成矿

第一节 若尔盖地块西南缘构造变形的基本特征

若尔盖地块是松潘—甘孜造山带的重要组成部分，印支末—燕山早期收缩体制下的构造变形铸成本区构造的基本轮廓。在若尔盖地块西南缘，形成了NWW向的褶皱与断裂，同时伴随有岩浆侵位、区域变质及成矿作用等地质事件；随后喜山期青藏高原陆内变形也在本区打下了深深的烙印，主要表现为对先期构造的叠加与改造。本区构造具有变形强烈、并具有多期叠加与改造的特点，构造组合样式为褶皱－断裂组合形式(图 4-1)。

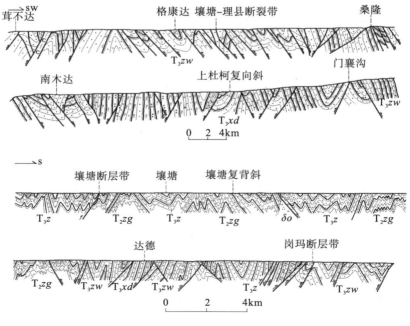

图 4-1 若尔盖地块西南缘地质构造剖面图

一、褶皱构造

区内褶皱构造十分发育，区域性褶皱一般保存不全，主要沿 NWW 向展布，其翼部多被断层破坏。就整体上而言，仍能识别出由新老地层交替出现形成的褶皱构造，而在大褶皱的不同部位均发育众多的次级小褶皱，总体上组成复式的背、向斜构造。

除了区域性的大褶皱外，小褶皱也十分发育，其样式和发育程度又明显地受岩层能干性、韧性差以及所处构造的部位控制。在新都桥组中，由于岩石能干性弱，强度差大，其中主要形成轴面直立或倒转的紧闭褶皱，轴面劈理发育，原生层理被部分置换(图 4-2)；而在杂谷脑组、侏倭组地层中，由于岩石能干性较强，主要形成较为宽缓的直立褶皱，轴面劈理不发育(图 4-3)。

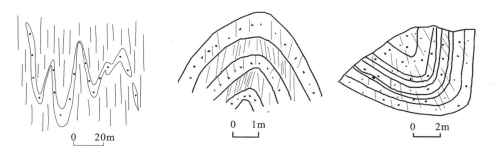

图 4-2　新都桥组中的小褶皱　　　　　图 4-3　侏倭组中的小褶皱及轴面劈理

按照轴面产状和枢纽产状，用 Richard 的褶皱产状类型三角投影网图(图 4-4)分类，区内的褶皱主要类型为 Ⅱ、Ⅳ，属于直立倾伏褶皱和斜歪倾伏褶皱；根据褶皱横切面的形态，用 Rammasy 的等斜线图解分类，主要类型为 I_C 型褶皱，显示褶皱具有由平行褶皱 I_B 向 Ⅱ 类相似褶皱过渡的特点，在新都桥组发育中有 Ⅲ 型顶厚褶皱。

纵观整个褶皱的空间发育特征，可以看出褶皱在空间上与断裂构造密切相伴，在向斜核部断裂构造最为发育，在两翼断层相对发育较弱。从其褶－断式的构造组合样式来分析，可以认为是由于在印支末—燕山早期大规模滑脱－推覆过程中，地壳强烈缩短，初期的缩短量由褶皱吸收，后期不足以吸收持续增加的位移量而被断层穿破，从而形成褶－断式的构造组合样式。

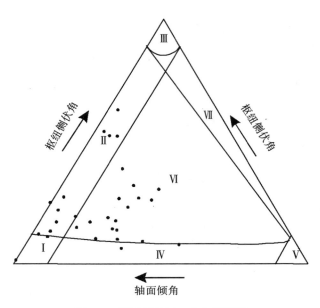

图 4-4　褶皱的 Rickard 分类图解

Ⅰ. 直立水平褶皱；Ⅱ. 直立倾伏褶皱；Ⅲ. 倾竖褶皱；Ⅳ. 斜歪水平褶皱；Ⅴ. 平卧褶皱；
Ⅵ. 斜歪倾伏褶皱；Ⅶ. 斜卧褶皱

二、断裂构造

印支末—燕山早期形成的以 NWW 向为代表的断裂构造，是本区最为醒目的构造形迹，其中壤塘—理县断裂带是若尔盖地块西南缘最主要的断裂带。该期断裂构造的形成与发育又和本区的岩浆事件、成矿事件密切相关。此外尚有近 SN 向、NE 向及 NNE 向等多组次级断裂。

综观断裂构造发育的特点，从空间分布来看总体表现为一个多级次、不同尺度的菱形网结状构造，断层具分支复合现象；从其运动学特点来看，具有多期活动的特点，一般经历了早期的逆冲剪切，其后的左旋走滑，部分断层晚期还表现为正性剪切；从构造层次上来看，总的具有由脆-韧性到脆性变形的演化趋势。其发展过程记录了该区造山带演化过程中不同阶段、不同构造体制下的变形特征。

三、地质构造演化特征

若尔盖地块及其西南缘作为松潘—甘孜造山带的重要组成部分，经历了从印支末期以来不同构造体制下的变形与改造。在整个造山事件中，变形事件、沉积事件、岩浆事件、变质事件以及成矿事件密切相伴，构成了松潘—甘孜造山带地质演化过程中壮丽的画卷。

通过对研究区各种地质事件及相互关系的综合分析，可将本区地质构造演化划分为 2 个变形旋回、6 个世代，并且伴随有密切相关的沉积事件、变质事件、岩浆事件和成矿事件(表 4-1)。

表 4-1　变形序列与其他地质事件关系表

| 变形旋回 | 世代 | 构造事件 | | | | 变质事件 | 岩浆事件 | 沉积事件 | 成矿事件 |
		构造类型	构造体制	运动方向	变形相				
喜玛拉雅山旋回	D_6	高原整体隆升、多级阶地的形成、不同方向的正断层以及沿先期断面的正性剪切	伸展	↑	脆性剪切破裂变形相			第四纪松散沉积物	地壳抬升，强烈剥蚀氧化，金的次生富集
	D_5	NNW 向的断层发生左旋走滑运动	挤压	NWW → ← SEE	脆性剪切破裂变形相				
	D_4	壤塘—理县断裂带的逆冲推覆	挤压	S →	脆性剪切破裂变形相				
	D_3	沿壤塘—理县断裂带形成断陷盆地	挤压	S →	断块抬升，脆性剪切破裂变形相			形成以热鲁组为代表的红色磨拉石沉积	
印支末—燕山旋回	D_2	NNW 向逆冲运动，主要为先期断层(壤塘—理县断裂带)的递进剪切变形，侵入体卷入该期构造变形	挤压	S →	脆性剪切破裂变形相		中酸性岩浆岩侵位		金的再次活化迁移富集，形成工业矿体
	D_1	NNW 向的褶—断式构造组合，局部形成轴面劈理的纵向构造置换	挤压	S →	弹塑性纵弯变形相，韧性、韧—脆性剪切变形相	沿断裂带发生低绿片岩相的进变质			金的初步迁移富集
印支期		边缘前陆盆地充填				沸石相极低级变质			金矿沉积初始富集

1. 印支末期—燕山旋回

本期构造旋回是区内最重要的变形时期，形成了区域构造的基本轮廓。根据构造变形特征及构造变形体制的差异，可以分为 2 个变形世代。

(1)D_1逆冲推覆。该期变形是松潘—甘孜造山带主造山期大规模滑脱—推覆的阶段变形，其变形时代为印支末—燕山早期，形成区内 NWW 向的褶皱和断层，奠定了本区构造的基本格局。其构造组合样式表现为褶—断式的组合特征，是主造山期收缩变形体制下的产物。在近南北向的挤压下，还形成了一些与主应力方向一致的 NW 向、NE 向的张扭性断层。从构造变形相来看，主要构造为中—浅构造层次的韧—脆性变形产物。与该期构造相伴或稍晚时期，由于该区岩石圈不同滑脱界面的滑脱拆离，造成地壳局部熔融，使区内中酸性岩浆岩沿断层侵位于三叠纪地层之中。

(2)D_2逆冲推覆。该期变形为 D_1 世代构造变形的继承，是该区继印支末期—燕山早期以后所经历的最重要的一次构造事件。其变形体制仍为南北向收缩体制下的产物，这期变形在壤塘—理县断裂带中表现最为明显，也最易识别。主要表现为燕山早期侵位于断裂带中的中酸性岩体由于构造作用而透镜体化，岩体边缘发育碎裂岩；早期韧性剪切变形形成的劈理发生褶皱。侵位于三叠纪地层中的中酸性脉体的 K-Ar 同位素年龄多为 200～160Ma，而断裂带中金矿床成矿年龄为 187～151Ma，碎裂岩脉是主要的金矿矿石类型，因此可以认为该期变形的时期为燕山中期，属表浅构造层次脆性剪切变形相。与该期构造密切相关的是金矿成矿事件，壤塘—理县断裂带继 D_1 变形及岩浆活动后，叠加该期脆性变形，成矿流体在岩性及应力转换面上富集成矿。

2. 喜马拉雅旋回

整个松潘—甘孜造山带在喜山期由于印度板块向欧亚板块俯冲、碰撞所产生的远程效应而发生持续的陆内变形，以及整个青藏高原隆升过程中所产生的断块隆升、左旋走滑、伸展运动，在区内均打下了烙印，可具体分为以下 4 个变形世代。

(1)D_3断块隆升。伴随着印度板块与欧亚板块的碰撞，在这一挤压构造背景下，沿壤塘—理县断裂带等区域性断裂带发生断块抬升，在断块的一侧形成磨拉石断陷盆地，这一现象在整个川西高原均可见及。该期断块活动在本区主要表现为沿壤塘—理县断裂带，在壤塘萨玛尔根一带形成以热鲁组为代表的断陷盆地沉积，主要为一套紫红色砂、砾岩及泥岩组合，底部与三叠纪地层呈角度不整合接触，反映出山前盆地快速堆积的特点。

(2)D_4壤塘—理县断裂带的逆冲活动。在壤塘—理县断裂带的北界果然隆洼—萨玛尔根断层表现明显。南木达萨玛尔根一带，三叠系侏倭组砂板岩逆冲于晚白垩世—早第三纪热鲁组红色砂、泥岩之上，破碎带主要由砂岩构造透镜体、角砾岩组成，反映其为上部构造层次的脆性剪切破裂变形相。

（3）D_5 左旋走滑运动。左旋走滑运动在区内主要断层上均有所表现，主要的表现形式是先期构造的继承性活动，在断面上形成由石英、方解石组成的近水平的擦痕和阶步，指示的运动学特征为左旋走滑运动。左旋走滑运动的另一个重要表现是壤塘—理县断裂带中的岩脉构造透镜体在部分地段呈左行雁行式排列。本期构造属上部构造层次的脆性剪切变形相。

（4）D_6 整体抬升及相伴的正性剪切。3～5Ma 以来青藏高原发生整体的快速隆升，使先期形成的主夷平面上升至 4000～4500m，本区也同样经历了塑造青藏高原现今地貌特征的过程，期间也形成了区内的多级阶地。同时青藏高原周围受到印度板块、塔里木、华北及扬子等"硬"地块的围陷，其岩石圈底界成了限制边界，地表成为唯一的自由面，主应力 σ_1 变为垂直，大部分高原地区处于拉张环境（钟大赉和丁林，1996）。正是在这一背景下，在区内形成了小规模的正断层。

第二节　壤塘—理县断裂带的构造变形特征

一、断裂带的几何学和运动学特征

若尔盖地块西南缘与金成矿作用具有密切关系的是壤塘—理县断裂带，该断裂带具有多期而强烈的变形特征，构造变形的不同阶段控制了该区的岩浆作用、成矿作用，构成了一条川西北地区重要的构造-岩浆-成矿带。

断裂带由一系列 NWW 向断层所组成的断裂系统（图 4-5），宽度在 3～7km。沿断裂带分布有大量燕山早期的闪长岩、闪长玢岩、花岗闪长斑岩等侵入体，大部分侵入岩由于构造作用而以构造透镜体形式产出。断裂带上盘为侏倭组砂、板岩，下盘为新都桥组板岩，主要发育于新都桥组之中，断裂带中局部还夹有侏倭组砂岩形成的构造夹片。断裂带总的由线性强应变带和相对弱应变域组成的一个复杂的网结状构造，弱应变域一般由变形较弱的板岩、砂岩以及中酸性侵入体组成，次级断层密集发育，相互交切。破碎带主要有构造微晶片岩、碎裂岩、角砾岩组成。断裂带中次级断层的产状一般为 $10°～30°\angle50°～70°$，部分断层断面南倾，产状为 $190°～200°\angle50°～70°$。

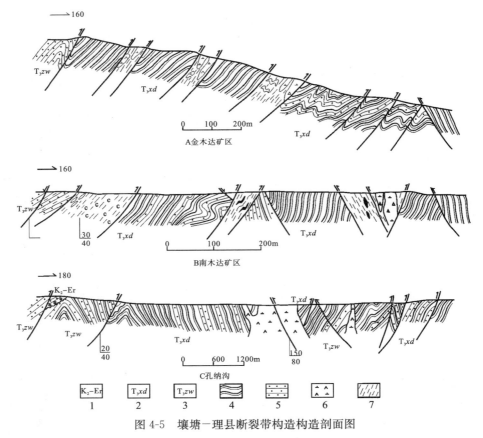

图 4-5　壤塘－理县断裂带构造构造剖面图

1. 热鲁组；2. 新都桥组；3. 侏倭组；4. 板岩；5. 砂岩；6. 闪长玢岩构造透镜体；7. 板岩强劈理化带

断裂带中的次级断层在不同的地段显示出不同的结构及变形特征。断裂带中的主要断层变形特征如下：

1. 断裂带的北界断层

在壤塘金木达矿区附近的果然隆洼沟附近，主断面产状 $10°\angle 60°$，破碎带宽约 50m，主要由强劈理化的板岩以及闪长玢岩形成的构造透镜体组成，显示脆－韧性变形的特征。断层带内部具有分带性（图 4-6），可分为：①强劈理化带，由强劈理化的板岩组成，微劈石<1mm，在强劈理化带内尚发育有薄层砂岩及同构造石英脉构成的石香肠，石香肠宽度一般<1cm，长度在 5~10cm，石香肠形成的不对称剪切褶皱指示断层性质为由 N→S 的逆冲剪切；②构造透镜体带，由闪长玢岩组成，内部变形较弱，发育一组共轭节理。在闪长玢岩构造透镜体边缘发育一条窄的角砾岩带，宽约 10~20cm，角砾岩由闪长玢岩及板岩破碎而成，角砾大小在 $2cm×3cm~5cm×6cm$，呈棱角状－次棱角状。侵入破碎带的闪长玢

岩脉可以见到一侧与强劈理化板岩呈侵入接触，表现为接触面与劈理面(S_1)斜截，而另一侧则为断层接触。③炭化带，炭化带宽度在 $1\sim2m$，其产状为 $220°\angle70°$，与主断面不一致，由炭化的断层泥组成，这一特征表明断层晚期具有脆性叠加变形。④节理破碎带，主要发育于断层上盘的侏倭组地层之中。根据断层中构造透镜体的排列方向以及不对称剪切褶皱，断层为一由 N→S 的逆断层。另外，在闪长玢岩形成的构造透镜体中的次级断面上，可见由方解石滑摩晶体形成的阶步和擦痕，断面产状 $30°\angle65°$，擦痕产状 $95°\angle25°$，阶步指示为左旋剪切。上述特征表明该断层具有多期活动的特点。

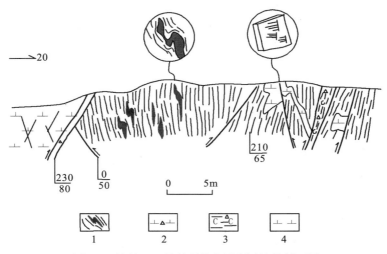

图 4-6　壤塘－理县断裂带北界断层结构剖面图

1. 强劈理化板岩及砂岩布丁体；2. 碎裂闪长岩；3. 炭化泥砾带；4. 闪长岩

　　在壤塘南木达桑隆以北，断层破碎带宽达 150 余米，表现为强烈的挤压破碎，主断面产状 $10°\angle65°$。破碎带主要由砂岩形成的构造透镜体组成，具铁质浸染及退色化现象。构造透镜体长轴可达 $10\sim20m$，其排列方向与主断面基本一致。在构造透镜体之间为强劈理化的板岩及构造角砾岩，角砾岩带宽 $0.2\sim1m$，角砾为棱角状－次棱角状，大小在 $2cm\times3cm\sim5cm\times10cm$，其中见有石英脉充填，石英脉由于后期构造作用多已发生破碎。断层带内还发育有与主断面相反的次级断层，次级断层向下交于主断面之上，应为同期的反冲断层。在断层带下盘新都桥组中尚见有轴面北倾南翼倒转的小褶皱。上述特征表明断层以脆性变形为主。从构造透镜体的排列方向以及断层下盘牵引褶皱判断，其运动学特征为由 N→S 的逆冲。在断层带的次级断面上，发育有由石英滑摩晶体组成的近水平的擦痕线理，其产状为 $265°\sim275°\angle13°\sim20°$，结合阶步特征判断该断层晚期叠加有左旋走滑运动。

　　在萨玛尔根一带，侏倭组砂板岩逆冲于晚白垩世—古近纪热鲁组红色磨拉石之上(图4-7)，断层破碎带宽约20m，断层产状358°∠60°。由S→N可分为3个带：①节理破碎带，发育于热鲁组紫红色泥岩、粉砂岩之中，节理产状180°∠65°；②强劈理化带，由强劈理化板岩组成；③构造透镜体带，由侏倭组砂岩组成。断层泥中石英的ESR年龄表明，在14.6Ma该断层仍有活动。

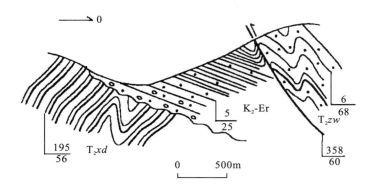

图4-7　壤塘—理县断裂带北界断层晚三叠世侏倭组逆冲于晚白垩世—古近纪热鲁组之上

2. 断裂带的南界断层

断层发育于新都桥组地层之中，断层破碎带宽约数十米，其旁侧次级断层发育，断面倾向NNE，倾角40°～60°，主要由板岩形成的强劈理化带组成，其中夹有闪长玢岩、花岗闪长斑岩及砂岩形成的构造透镜体，显示脆—韧性变形的特征。在断层西段壤塘金木达果尔岗—尼柯沟沟口一带，断层带内零星分布有闪长岩、闪长玢岩构造透镜体，脉岩形成的构造透镜体长轴与断层带走向一致。在果尔岗一带闪长玢岩构造透镜体从外向内具有分带性，外侧为宽窄不一的构造角砾岩带，角砾为棱角状—次棱角状，大小为2cm×3cm～5cm×10cm，内部为节理破碎带，发育一组密集的共轭节理，将岩石切割成大小不等的块体。在尼柯沟沟口，断裂带内见有强劈理化的闪长岩构造透镜体，劈理产状40°∠39°，

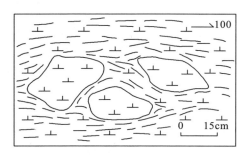

图4-8　壤塘—理县断裂带南界断层中强劈理化闪长岩

强劈理化的闪长岩内部尚残存有弱应变的闪长岩透镜体(图4-8)。镜下显微构造研究表明，长石绢云母化强烈，角闪石、黑云母具弱定向排列，其中黑云母发育扭折带及解理面弯曲，扭折带一般较为宽缓，但也可见较窄的扭折带，上述特征表明断层具有较强的韧性变形。根据断层内的擦痕、构造透镜体的排列方向以及断层旁侧的牵引褶皱，断层为由N→S的逆冲断层。该断层也表现多期

活动的特点，在孔纳沟产状为 $50°∠65°$ 的断面上，发育有由石英滑摩晶体组成的擦痕和阶步，其产状为 $110°～130°∠8°～15°$，显示断层具左旋逆平移的性质(图 4-9)。

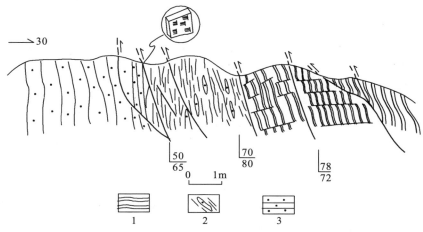

图 4-9　壤塘—理县断裂带南界断层结构剖面图

1. 强劈理化板岩；2. 砂岩透镜体；3. 砂岩

3. 断裂带中部断层

发育于新都桥组地层之中，是一条重要的含矿断层，目前所发现的金矿多产于其中。该断层总体产状 $30°～40°∠50°～60°$，带内部分断层表现为南倾，是由多条次级断层组成的强变形带，其间夹持相对弱应变的板岩、砂岩块体以及侵入岩块体(图 4-10)。断层带各处宽窄不一，一般宽度在 50～100 余米，在金木达孜伊以沟内宽度可达 200 余米。通过详细的构造解析，断层具多期活动的特点，

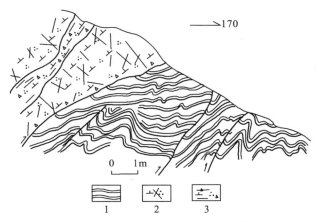

图 4-10　壤塘—理县断裂带中部断层结构剖面图

1. 板岩；2. 节理破碎的石英闪长岩；3. 断层角砾岩

主要可分为两期。第一期变形表现为韧性变形，主要形成以板岩为主的强劈理化带，其构造岩类型为绢云母构造微晶片岩。带内劈理发育，岩石具弱的丝绢光泽，外貌似千枚岩。劈理产状一般 0°～30°∠50°～60°，由于后期断层及褶皱的影响部分劈理面南倾并发生褶皱。带内的绢云母构造微晶片岩的显微构造研究表明，绢云母集合体定向排列构成劈理面，其中压溶面理十分发育，主要由铁质、少量炭质组成，与劈理面方向一致，并可见 S～C 组构。在断层中还分布有同构造分泌石英脉体及砂岩布丁体，同构造分泌石英脉顺劈理方向充填，宽 1～5cm，长几厘米至 1 米，普遍具膨大收缩现象，构成藕节状石香肠。同构造分泌石英脉内部颗粒普遍变形强烈，石英颗粒强烈地定向拉长，在 X/Z 面上，长宽比 3∶1～5∶1，个别长宽比可达 7∶1 以上。石英颗粒具较强的粒内变形，普遍具波状消光，并可见带消光及变形纹等显微构造。部分石英脉在递进剪切变形中颗粒边缘已发生细粒化现象，发育动态重结晶颗粒，在部分样品中可见动态重结晶石英颗粒形成的丝带构造。根据劈理面上绢云母形成的拉伸线理以及 S～C 组构指示的运动方向，断层为由 N→S 的逆冲断层。第二期变形表现为其后的断层切割早期断层以及沿断层侵位的闪长玢岩、花岗闪斑岩的构造透镜体化。在果然隆洼沟、孜伊沟中该期构造表现十分明显。断层切割早期构造形成的劈理，断层倾向与早期断层倾向一致，与早期劈理面有一定交角。叠加在早期强劈理化带上的断层，破碎带宽几十厘米至 1 米，表现为强劈理化，并发育断层角砾岩，显示脆-韧性的变形特征(图 4-11)。断层带内早期的强劈理化带受后期构造的作用发生褶皱，多为紧闭的向南倒转的褶皱，在平面上为两翼不对称的"Z"型褶皱，指示断层有右行走滑分量(图 4-12)，部分褶皱中还可见发育轴面劈理。发育于断层带中的岩脉与板岩相比具有完全由不同的变形特征，岩脉块体长一般几米至几十米，长轴与断层带方向一致。根据野外观察及坑道、钻孔资料，侵入体为无根构造岩块。岩块边缘一般发育几十厘米至数米的角砾岩或碎裂岩带，角砾岩、碎裂岩主要由侵入体破碎而成，为次棱角状，大小一般 2cm×5cm，具硅化和褐铁矿化。岩体内部变形相对较弱，主要发育一组共轭节理，将岩体分割成大小不等的菱形块状。与岩体接触的板岩也发生了较强的破碎，形成角砾岩，具褐铁矿化和硅化。该区金矿体即产于该期断层形成的破碎带内，其中碎裂的岩脉是金矿床的主要矿岩类型。另外从断层带中次级断面上的方解石、石英滑摩晶体的产状及其所指示的运动学特征来看，该断层还叠加有左行走滑和正性滑移。断层带中石英滑摩晶体 ESR 测年结果表明，该断层在 16.0 万年仍有活动。

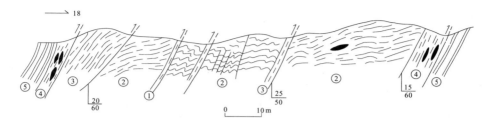

图 4-11　壤塘—理县断裂带中部断层中晚期断层切割早期板岩强劈理化带

① 炭化泥砾；② 强劈理化板岩牵引褶皱带；③ 强劈理化带；④ 脉石英构造透镜体带；⑤ 板岩

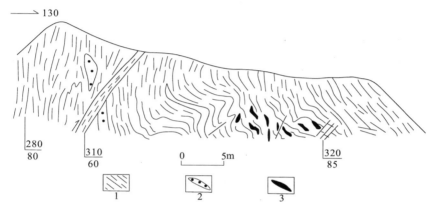

图 4-12　壤塘—理县断裂带中部断层中的褶皱及布丁构造

1. 强劈理化板岩；2. 砂岩布丁体；3. 石英布丁体

二、断裂带的有限应变测量

为了深入研究壤塘—理县断裂带的变形强度，我们对断裂带内的同构造石英分泌脉进行了有限应变测量。在断裂带中强劈理化板岩中常分布有同构造石英分泌脉，石英脉顺劈理方向充填，宽 1~10cm，长几厘米至 1 米，石英脉具膨大收缩现象，为一种藕节状布丁体。对同构造石英脉中的变形石英颗粒采用长短轴法进行有限应变测量；对石英脉形成的布丁体用面积平衡恢复的办法来确定其变形过程中的伸长量，并最终求得其剪切应变值。

1. 变形石英颗粒的有限应变测量

断裂带中的同构造分泌脉在递进变形中，石英颗粒遭受强烈的压扁拉长，部分石英颗粒边缘出现细粒化现象。在 X/Z 面上石英颗粒长宽比一般在 3：1~5：1，有的甚至可达 7：1。以变形石英颗粒作为应变测量的标志矿物，用长短轴法进行断层的有限应变测量(图 4-13)。通过对定向薄片上 XZ 面、YZ 面变形石英颗粒进行测量，求出 X/Z、Y/Z 面的轴。在此基础上，计算了 Flinn 参数、应变程度，同时还作出了 Flinn 图解以及 Wood 图解(图 4-14)，$K=0.67\sim0.91$，$\gamma=2.60$(表 4-2)。

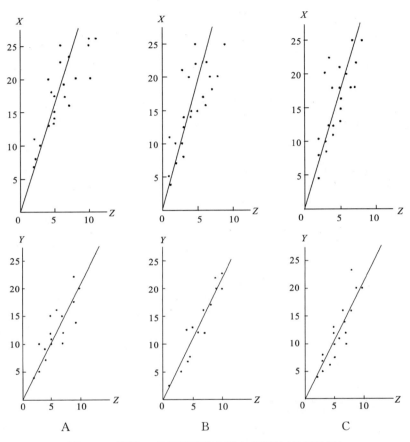

图 4-13　壤塘—理县断裂带有限应变测量(长短轴法)

A. 果然隆洼　B. 孜伊沟　C. 南木达矿区

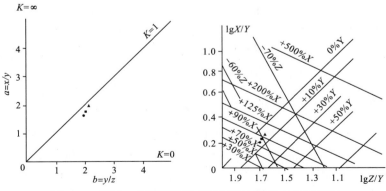

图 4-14　壤塘—理县断裂带变形石英有限应变分析图解

A. Flinn 图解；B. Wood 图解

表 4-2　壤塘—理县断裂带变形石英应变分析

地点	X/Z	Y/Z	K	γ	$\triangle X\%$	$\triangle Y\%$	$\triangle Z\%$
孜伊以	3.34	2.0	0.67	2.67	95	7	−61
果然隆洼	4.0	2.05	0.91	3.0	78	6	−55
南木达矿区	3.5	2	0.75	2.75	85	6	−58

上述结果表明，其变形机制以简单剪切为主兼具压扁，从 Wood 图解中可以看出，沿 X 轴伸长 78%～95%，Y 轴方向伸长很少，为 6%～7%，沿 Z 轴方向缩短 58%～61%。

2. 布丁体的测量

对断裂带内的石英布丁体采用面积平衡恢复的方法来确定其在变形过程中的伸长量，并最终求得剪切应变值(γ)。这种方法的基本条件是：假定在有限应变过程中，布丁体的总面积是恒定的，变形过程为平面应变，且没有体积的变化。在 XZ 面确定布丁体化脉体的形状，然后测量布丁化脉体变形后的长度(L_1)和布丁体的厚度(图 4-15)。以所测布丁体单元中最厚的布丁体厚度作为接近变形前的脉体的厚度(d)，用求积仪计算出每一个布丁体化脉体的面积(S)，从而求得布丁体变形前的长度(L_0)，最后求出：

$$e = (L_1 - L_0)/L_0$$
$$\lambda = (1 + e^2)$$

式中，L_0 和 L_1 分别代表变形前和变形后脉体和布丁体的总长度，e 为伸长量，λ 为平方长度比。测量结果见表 4-3。

对于平面剪切(体积不变)，剪切应变值(γ)与平方长度比(λ)可用下列关系式表达：

$$\lambda = -1/2\gamma^2\cos2\alpha + \gamma\sin2\alpha + 1/2\gamma^2 + 1 \qquad (\text{Ramsay and Huber，1983})$$

式中，α 为脉体与剪切方向的初始角；$\lambda = (1 + e^2)$。

壤塘—理县断裂带中，同构造分泌脉总体顺劈理方向充填，因此石英脉体与剪切方向的初始角≤45°。如取初始角 α 为 45°，上述三个布丁体的最小剪应变大小为 2.39、2.58、1.89，其结果与用变形石英颗粒长短轴法所求出的剪应变大小基本相同(表 4-3)。

表 4-3　壤塘—理县断裂带中石英布丁体有限应变测量表

布丁体	位置	L_1/cm	L_0/cm	d/cm	e	$\lambda = (1+e)^2$	γ
A	孜伊以	50	20	4.5	1.5	6.25	2.39
B	孜伊以	185	70.25	6	1.63	6.93	2.58
C	果然沟	57	26.4	5	1.16	4.66	1.89

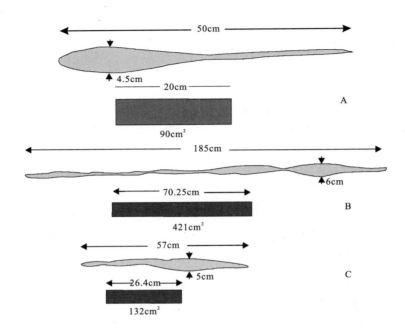

图 4-15　壤塘—理县断裂带石英布丁体面积平衡测量

三、断裂带不同时期主应力方位的确定

断裂带主应力方位的确定，主要依靠野外实际调查和分析。从壤塘—理县断裂带的空间展布特征以及变形期次分析，其近东西向展布的几何学特征表明断裂带早期曾经历过近南北向的挤压，而沿断裂带的左旋走滑运动则说明断裂带也曾遭受过近东西向的挤压。

为了更进一步研究不同变形时期主应力方位，我们沿断裂带布置了 9 个测量点，对断裂带内部及边缘的岩体、砂岩中的共轭节理进行了系统的观察测量。用施氏网投影求得其优势产状，通过吴氏网赤平投影求得其主应力方位（表 4-4）。

表 4-4　壤塘—理县断裂带主应力方位统计（节理）

观测点号	地点	岩性	主应力轴产状		
			σ_1	σ_2	σ_3
1	蚕部沟	岩　脉	265°∠40°	81°∠60°	172°∠0°
2	果然隆洼（东）	岩　脉	90°∠50°	358°∠40°	180°∠50°
5	果然隆洼（西）	岩　脉	212°∠20°	300°∠20°	78°∠60°

观测点号	地点	岩性	主应力轴产状		
			σ_1	σ_2	σ_3
6	南木达矿区	岩　脉	$86°\angle80°$	$298°\angle13°$	$207°\angle8°$
12	孔纳	砂　岩	$91°\angle46°$	$358°\angle6°$	$275°\angle40°$
13	孔纳	砂　岩	$245°\angle35°$	$5°\angle36°$	$126°\angle32°$
14	孔纳	砂　岩	$267°\angle72°$	$81°\angle17°$	$350°\angle2°$
15	孔纳	砂　岩	$89°\angle69°$	$343°\angle6°$	$255°\angle18°$
17	果然隆洼(西)	岩　脉	$166°\angle22°$	$273°\angle68°$	$68°\angle0°$

从上面主应力方位资料可以看出，其主应变短轴(主压缩轴)方位可以分为两组，即：

$$166°\sim212°\angle20°\sim22°$$
$$86°\sim91°\angle46°\sim69°—245°\sim267°\angle2°\sim72°$$

第一组方位有 2 个测点，而第二组方位有 7 个测点。上述特征说明该断裂带至少经历了两期不同应力方位的构造变形。根据野外宏观地质特征，我们认为 $166°\sim212°\angle20°\sim22°$ 的主应变轴方位代表早期南北向挤压；而 $86°\sim91°\angle46°\sim69°—245°\sim267°\angle35°\sim72°$ 的主应变轴方位代表晚期东西向左旋走滑运动。虽然早期南北向挤压的变形强度较晚期左旋走滑大，但由于变形岩石的非均匀性、不同地层岩石力学性质的差异以及不同期次构造变形的叠加与改造，可能造成晚期相对较弱的构造变形更多地表现出来，这可能是造成壤塘—理县断裂带中大多数测点主应变短轴近东西向的原因所在。

四、构造岩与显微构造

壤塘—理县断裂带内发育不同类型的构造岩，主要有绢云母构造微晶片岩、碎裂岩、角砾岩等。不同类型的构造岩是断裂带不同发育阶段及不同构造层次的产物，是断裂带形成发育的物质记录。

1. 绢云母构造微晶片岩

断层活动不仅引起岩石颗粒细化，形成角砾岩、碎裂岩、糜棱岩等细化断层岩，而且在一定条件下也可能发生晶体生长形成粗粒化断层岩，即构造片岩系列的断层岩。

壤塘—理县断裂带内的局部地段绢云母构造微晶片岩十分发育，其原岩主要为新都桥组的板岩。宏观上，构造微晶片岩面理十分发育，具弱的丝绢光泽，外貌似千枚岩。镜下特征为：具鳞片变晶结构，主要矿物为绢云母，见有少量石英颗粒。细小的绢云母集合体定向生长，构成片理面，可见 S～C 组构。压溶面理十分发育，由铁质残留体组成，宽度<0.01mm，压溶面理与绢云母组成的片理方向一致。在构造微晶片岩中见有同构造石英分泌脉，脉体宽度 0.1～0.2mm，石英脉顺片理方向充填。石英颗粒粒内变形较弱，部分颗粒具波状消光。

断裂带内绢云母构造微晶片岩与板岩、绢云母板岩之间的区别在于，宏观上绢云母构造微晶片岩分布于断裂带内，面理十分发育，其绢云母的含量及集合体的大小均比板岩、绢云母板岩高、大，并且具强烈的定向生长，可见 S～C 组构和压溶面理，是断裂带动力变质的产物。在构造微晶片岩中还见有晚期的方解石脉，方解石解理面弯曲，部分颗粒 e 双晶发育。

2. 糜棱岩化石英岩

为同构造分泌石英脉经递进变形而形成的。具糜棱结构，石英动态重结晶颗粒形成的基质含量<10％，主要呈条带状分布，颗粒大小 0.02～0.1mm，为应变局部化的产物。动态重结晶颗粒组成的条带宽 0.5～1mm，与定向拉长的石英相间出现。残余的石英颗粒变形较强，大部分颗粒定向拉长，其长短轴比可达 3∶1～5∶1(XZ 面)。石英颗粒粒内变形较强，主要显微构造有：普遍具波状消光，并可见变形纹等显微构造。

3. 碎裂初糜棱岩

为早期韧性变形后期叠加脆性改造的产物，其原岩为石英岩。早期韧性变形呈带状分布(应变局部化)，形成石英动态重结晶颗粒以及亚颗粒等，条带宽窄不一，在 0.5～1.5mm。新生颗粒的含量约为 10％～20％，并可见由动态重结晶颗粒形成的丝带构造以及 S～C 组构。残留的石英颗粒被定向拉长，长短轴比可达 3∶1～5∶1(XZ 面)，与糜棱面理方向一致，可见波状消光、带消光及变形纹等显微构造，另外尚可见亚颗粒与石英残斑组成的核幔构造。晚期脆性改造使岩石具碎裂结构，见有两期裂隙，均被方解石脉充填。早期裂隙与糜棱面理方向一致，晚期裂隙与糜棱面理斜交，宽度在 0.16～0.32mm，将石英脉切割成棱角状、次棱角状，早期裂隙中的方解石颗粒具形态优选方位。

4. 碎裂岩

在壤塘—理县断裂带中碎裂岩广泛分布，其原岩类型主要有石英脉、砂岩、板岩和侵入岩。

碎裂石英脉：岩石初具碎裂结构，石英脉被破碎成不规则的碎块，大小 1～5mm，为棱角状。碎块间位移不大，原岩整体结构基本保存，裂隙被方解石脉充填，宽 1～4mm，含量 10％～20％。石英碎块微裂隙发育，一般具微波状弯曲，宽度<0.5mm，由方解石脉充填。石英颗粒粒内变形较弱，部分可见波状消光，方解石脉可见 e 双晶。

碎裂板岩：岩石具碎裂结构，碎斑由灰黑色板岩组成，含量约在 60％～70％，之间为石英脉充填。角砾形态为棱角状、棱角状，大小 2～5mm，大者可达 1cm，裂隙宽度一般在 1mm 左右。另在板岩角砾内部分布有极细的微裂隙，裂隙宽度在 0.032mm 左右，波状弯曲，尾部具羽状分叉，显示张裂隙的特点。充填在角砾之间的石英脉颗粒结晶方向与裂隙垂直，颗粒明显分为大小两群，大者为 0.16～0.2mm，小者为 0.016～0.032mm。石英颗粒粒内变形较弱，部分颗粒可见波状消光。

碎裂岩脉：包括碎裂闪长岩、闪长玢岩、花岗闪长斑岩等不同原岩类型。岩石具碎裂结构，碎斑含量约占 70％～80％，之间由铁质及方解石脉充填，碎斑以趋于均匀化，大小一般在 0.32～0.5mm，呈次棱角状、次圆状。部分碎裂岩中可见二次角砾岩化的特征，主要表现为早期形成的碎斑，由铁质物充填，裂隙平直、宽度较小，一般在 0.016～0.032mm，晚期形成的碎斑是由早期碎裂岩石再次破碎而成，由方解石脉充填其间。第二次形成的角砾大小变化较大，在 1～3mm，裂隙宽度在 0.08～0.16mm，呈波状弯曲组成网状结构，上述特征表明岩石经历了两期变形，即早期变形为压性，形成压性角砾岩；晚期为张性，形成张性角砾岩。

五、断裂带的超微构造及古应力估算

1. 断裂带的超微构造

晶体的塑性形变本质上是位错、滑移及蠕变的结果，所以研究记录变形历史的位错特征可以帮助我们深入地了解岩石的变形机制和变形环境。

用采自断裂带中的同构造分泌石英脉经制样减薄后，用透射电子显微镜（TEM）进行观察，共拍摄 49 张照片。变形石英的位错特征表现为：

自由位错：有直线型长刃位错线、直线型短刃位错线，也有呈微弯曲短位错线及位错环等位错类型。自由位错为样品中位错的主要表现形式。

位错网：由不同方向的位错交叉展布形成。

位错列：由直线型位错平行排列而成。

亚颗粒：为被位错壁所围限的亚晶区，多呈矩形或不规则多边形，亚晶粒内极少位错。

根据上述特征，可以获得其显微变形机制和变形环境的信息。样品中的位错以自由位错为主，并出现了位错网、亚颗粒等位错类型。一般认为，亚颗粒构造是高温下位错攀移的结果。上述位错特征表明，样品中的石英变形处于较高的温度及剪切应变的背景下，其显微变形机制为位错滑移、位错攀移。

2. 古应力值估算

岩石在稳态流动过程中，其矿物所形成的一些显微构造，如自由位错密度、亚颗粒大小及动态重结晶颗粒大小与差异应力存在一定的函数关系，利用这些关系可估计古应力值。选用断裂带上金木达矿区、孜伊以等地石英脉中的石英颗样品，应用位错密度法计算古应力值。

对同构造分泌脉中的变形石英颗粒在 TEM 下进行观察，共拍摄 23 张照片，用照片上自由位错条数除以面积，求得位错密度 ρ，应用 Weathers 等(1979)的公式：

$$\Delta\sigma = 6.6 \times 10^{-3}\rho^{0.5}$$

求得 $\Delta\sigma$ 为 145～171Mpa(表 4-5)。

表 4-5　壤塘—理县断裂带变形石英自由位错密度及古应力值

样品编号	采样地点	统计照片张数	自由位错密度/$10^8\,cm^{-2}$	古应力值/$(\triangle\sigma,\ MPa)$
S386D$_1$	孜伊以	5	6.49	168
JTC03-b$_2$	金木达矿区	4	6.25	164.8
JTC26-b$_1$	金木达矿区	3	4.90	145
Rb4	孜伊以	5	6.80	171.9
Rb11	孜伊以	6	6.71	170.5

第三节　断裂带的构造地球化学特征

断裂构造与成岩成矿有及其密切的关系，所以断裂构造地球化学的研究越来越受到人们的重视。剪切带是强构造变形带，又是一种特殊的变质带，存在着热力、化学和流体之间的耦合作用。应变局部化和力学失稳引起的化学不平衡和组分的迁移，使化学成分重新调整，常常涉及物质的带入带出、物质密度以及体积的变化，必然要影响其周围围岩地球化学元素的分布，造成元素有规律的迁移和富集。因此除对剪切带组构、温压条件等方面的研究外，质量平衡的研究也是其中的重要研究方面，同时剪切带又常常是有利的成矿带，近年来有关剪切带的质量平衡分析备受人们的关注(钟增球和游振东，1995；刘景波等，1993；O'Hara and Blackburn，1989)。

本次对壤塘—理县断裂带金木达矿区附近断裂带中典型的构造岩，从质量平衡的角度分析研究了断裂带的构造地球化学特征，以深入探讨构造变形与金成矿之间的关系。

壤塘—理县断裂带中特别是金木达、南木达矿区广泛分布有早期韧性变形的产物——构造微晶片岩以及后期脆性叠加形成的碎裂岩脉－碎裂闪长玢岩、碎裂石英闪长岩。这些构造岩与成矿作用关系十分密切，是主要的矿石类型。本次从质量平衡的角度，采用质量等比线分析（isocon analysis）等方法研究了断裂带中物质的迁移和体积变化情况。

在对比构造岩与原岩之间的成分变化时，我们采用 Al_2O_3 守恒条件。壤塘含金剪切带上构造微晶片岩与碎裂岩脉的原岩较易确定，主要根据野外露头及岩相观察来确定。构造微晶片岩的原岩是板岩，碎裂闪长玢岩、碎裂石英闪长岩的原岩分别为闪长玢岩、石英闪长岩。各类构造岩及其原岩的化学分析结果见表 4-6、表 4-7。

表 4-6　壤塘—理县断裂带典型构造（蚀变）岩常量元素特征表　　　单位：%

岩性	SiO_2	Al_2O_3	Fe_2O_3	FeO	MgO	CaO	Na_2O	K_2O	MnO	TiO_2	P_2O_5
构造微晶片岩(3)	59.21	6.91	6.91	0.53	0.93	0.94	1.02	4.47	0.16	0.8	0.18
板岩(2)	60.75	18.33	2.35	3.45	2.53	0.51	1.55	4.31	0.04	0.82	0.17
碎裂闪长玢岩(2)	41.36	11.77	3.87	2.27	3.84	16.9	1.62	0.97	0.12	0.49	0.09
闪长玢岩(3)	59.6	15.61	1.12	4.25	3.75	3.65	3.58	1.32	0.09	0.66	0.14
碎裂石英闪长岩(2)	53.25	15.33	1.32	5.05	3.46	6.62	2.12	1.87	0.11	0.78	0.15
石英闪长岩(2)	61.38	16.04	1.3	3.29	3.75	3.0	3.0	2.1	0.09	0.49	0.13

注：测试单位：武汉综合岩矿测试中心；（）内为样品数

表 4-7　壤塘—理县断裂带典型构造（蚀变）岩微量元素特征表　　　单位：$\mu g/g$

岩性	Zr	V	Rb	Sr	Ni	Y	Co	Cr
构造微晶片岩(3)	195	163.5	200	166.5	46.7	30.1	19.5	89.5
板岩(2)	209	139	182	85	42.6	32.7	18.2	87

注：测试单位：武汉综合岩矿测试中心；（）内为样品数

在绘制质量等比线图时，为了让各组分点不重合，常给某种组分同乘以一个系数，这样做不影响等比线的选取，也不影响质量平衡分析；对于微量元素，作图时将其横坐标岩石组的浓度全部标定在 30×10^{-6} 的位置，纵坐标的岩石相应乘同一个比例系数。

构造微晶片岩成分的迁移情况见（图 4-16a），以 Al_2O_3 为守恒，可以确定 $m_0/m_A = 1.06$，这相当于 $Ci = 1.06Ci^0$ 的等比线，位于这条线之上的有 MnO、Fe_2O_3、CaO，明显带入；其余组分低于此线，明显带出。SiO_2 的迁出以及 Fe_2O_3 含量的增高，与构造微晶片岩中形成的同构造分泌石英脉以及其中普遍发育的铁质压溶面理的宏观及微观地质现象是一致的。微量元素中 Zr、Y、Co、Ni、Cr 被带出，而 V、Rb、Sr 则被带入。根据 O'Hara 和 Blackburn(1989)建立的体积变化公式：$Ci/Ci^0 = 1/(1-V)$，计算出构造微晶片岩有 5.7% 的体积损失，有大约同值的质量被带出。

　　碎裂闪长玢岩成分的迁移情况见(图 4-16b)，以 Al_2O_3 为守恒，可以确定 $m_0/m_A = 0.75$，这相当于 $Ci = 0.75Ci^0$ 的等比线，Fe_2O_3、MgO、CaO、MnO、TiO_2 等成分明显带入；K_2O、P_2O_5 迁移不明显；其余组分被不同程度地带出。根据前述公式，计算出碎裂石英闪长岩有 33% 的体积和大约同值的质量增加。

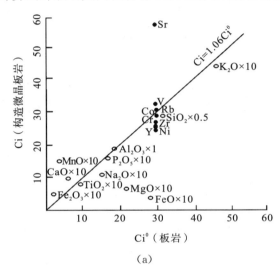

(a)

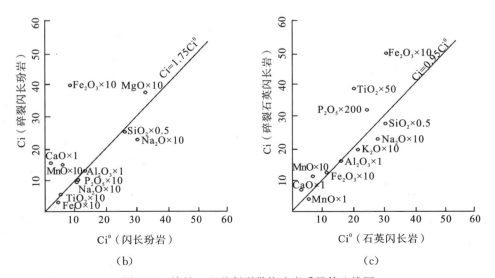

(b)　　　　　　　　　　　　　　　　　(c)

图 4-16　壤塘—理县断裂带构造岩质量等比线图

碎裂石英闪长岩成分的迁移情况见（图 4-16c），以 Al_2O_3 为守恒，可以确定 $m_0/m_A=0.95$，这相当于 $Ci=0.95Ci^0$ 的等比线，从图上可知：FeO、P_2O_5、MnO、Fe_2O_3、CaO、MnO、TiO_2 等成分明显带入；其余组分被不同程度地带出。根据前述公式，计算出碎裂石英闪长岩有 5.3% 的体积和大约同值的质量增加。

由于闪长玢岩、石英闪长岩中微量元素含量变化太大，本次虽作了化学分析，但未与碎裂闪长玢岩、碎裂石英闪长岩进行比较。

比较断裂带中构造微晶片岩与碎裂岩脉的构造地球化学特征，可以得出以下认识：

（1）代表早期韧性变形的产物——构造微晶片岩，根据 Al_2O_3 守恒，其物质成分总的向外迁出，表现为质量与体积的损失；而与成矿作用密切相关的晚期脆性叠加形成的碎裂闪长玢岩、石英闪长岩的构造地球化学特征完全不同，其物质总的是迁入，表现为质量与体积的增加。这从一个方面说明，断裂带早期及中深构造层次的韧性变形过程中，表现为物质的迁出，为成矿作用提供了物质基础和流体；成矿过程中脆性变形形成的碎裂岩脉，表现为物质的迁入，因此这一阶段是主要的成矿阶段。

（2）碎裂闪长玢岩、碎裂石英闪长岩组分变化的相似性说明构造变形及成矿过程中热液成分、物理化学环境的相似性。其化学成分变化有别于构造微晶片岩，反映了其构造变形环境、变形机制以及其分属于控矿断裂带的不同变形期次。这与野外宏观变形期次、成矿阶段的分析是一致的。

第四节　断裂构造对金矿的控制

金矿的形成是一个多因素联合作用的复杂过程，构造是影响和控制金矿形成与演化的一个重要因素。壤塘—理县金成矿带内断裂构造发育，总的组成一个多级次的、复杂的菱形网节状构造，断裂带中的次级强应变带及不同形式的构造及构造组合对金矿的形成与演化起到重要的控制作用，反映了一个复杂的构造动力成矿作用过程，从而表现出一定的构造成矿规律。

一、断裂对金矿床的多级控制

壤塘—理县金成矿带内的控矿构造是由不同级次的断层组成的一个复杂的断裂系统，它们对金矿的形成与分布起着不同的作用。NWW 向主干断裂带为其主要的导矿、容矿构造，由于其继承性多次活动，形成一个由复杂的伴、派生断裂、裂隙构成的次级低序次断裂构造系统，具有工业价值的矿体就定位于北西西向主干断裂内的低序次次级构造之中，它们构成了含金剪切带的容矿构造，表现为一些单独的矿体分别受次级 NWW 向断裂构造控制。主要的控矿构造类型及特征如下。

1. 岩性转换面对金矿体的控制

矿体的形成需要适当的空间和场所，这些空间和场所通常是地质结构、成分具有分划性的物理面(结构面)，也是岩石结构构造、物理性质或化学组分突变的不均一界面，主要表现为岩性、温度、压力、Ph、Eh 等方面的突变性，其力学性质及岩石的物理性质、化学成分是控制矿体形态、产状、规模、矿石组构，甚至矿石成分的重要因素，是成矿流体停积而发生矿质沉淀、富集成矿之所在。因此，这些地质界面是控矿的重要因素。

壤塘—理县断裂带内大部分矿体都是定位于石英闪长岩、闪长玢岩与板岩之间的断裂破碎带内，破碎蚀变的岩脉是金矿的主要矿石类型(图 4-17)，具有典型的界面控矿的特点。剪切带内的中、基性岩脉与板岩首先在结构构造、物理性质上具有明显的差别，这一差别就导致岩石在构造应力的作用下产生不同的变形行为、形成不同的变形产物。在同一应力场的作用下，岩脉表现为强烈的挤压破碎，形成宽度较大的连通弥散性空间，岩石破碎、岩石表面积大，因而形成本区最重要的构造蚀变岩型金矿石。而板岩塑性相对较强，岩石破碎程度较低，形成的破碎带宽度较窄。同时形成了连续自由空间和连通弥散性空间两种赋矿空间，因而形成构造蚀变岩型和石英脉型两类矿石类型。石英脉宽度一般在 1~5cm，长度一般在 10~100cm，呈网状分布，一般具有石英细脉越发育越破碎，金的品位也就越高的特点。

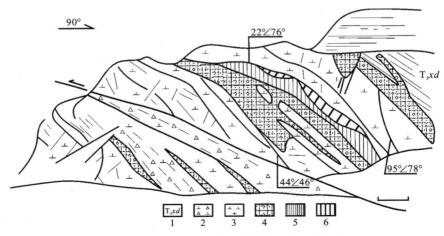

图 4-17　金矿体与岩脉及断裂构造的空间关系

1. 新都桥组；2. 碎裂闪长岩；3. 闪长岩；4. 工业金矿体；5. 贫金矿体；6. 辉锑矿

2. 岩体内部的构造破碎带对金矿体的控制

壤塘—理县断裂带内的金木达、南木达矿区中，中、基性岩脉内部的次级破碎带是该区金矿体的另一个重要的赋存部位。岩脉内部的破碎带由碎裂岩脉组成，宽度一般在几米左右，在平面上和剖面上都形成一个网节状构造，因而定位于其中的金矿体在空间上也构成了一个网节状构造，在两组次级断裂构造的结点上，常常形成厚度较大、品位较高的工业矿体。

3. 裂隙对金矿体的控制

在金木达、南木达矿区已发现了三个类型的裂隙：张裂隙、混合型裂隙、剪裂隙。它们在平面上和剖面上构成了"X""V""I"型和雁行式，前两者为共轭剪切裂隙，后两者为张性裂隙或剪切裂隙。这些裂隙大多被矿脉充填，脉体规模变化较大，一般宽度 0.5～25cm，长 5～300cm(图 4-18)。脉体主要成分有石英、黄铁矿、方解石等。石英脉在脉体中占绝对优势，脉体较大，构成壤塘金成矿带的金矿载体之一，发生黄铁矿化、毒砂化的石英脉常成为矿体或矿化体。方解石脉不常见，脉宽 0.5～2cm，长约 5～30cm，未见黄铁矿化，一般不含金，是围岩蚀变(碳酸盐化)的标志之一。

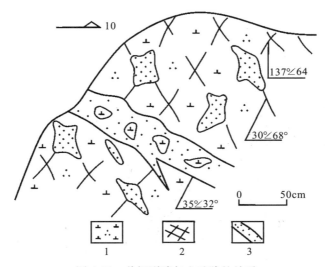

图 4-18　共轭裂隙与金矿脉的关系

1. 石英闪长玢岩；2. 共轭裂隙；3. 金矿脉

二、控矿构造演化及与金矿化的关系

根据对本区矿化特征、控矿构造形迹变形时序分析及其之间的成生联系，在结合区域成矿构造背景，本区金成矿可大致分为四个成矿阶段并与四个构造变形（演化）阶段相对应。

1. 中、晚三叠世金的沉积初始阶段

中、晚三叠世若尔盖地块处于扬子陆块边缘前陆盆地演化阶段，这一时期沉积了中三叠统扎尕山组以及上三叠统杂谷脑组、侏倭组、新都桥组浊流复理石沉积，其沉积环境为次深海－深海大陆斜坡－盆地平原。次深海－深海的还原环境为金的初始富集提供了条件，其中的新都桥组具有较高的金含量，地层中的金为后期金成矿提供了矿源。

2. 晚三叠世末期—早侏罗世金的初步活化迁移富集阶段

晚三叠世末期—早侏罗世是松潘—甘孜造山带大规模滑脱－推覆造山阶段，形成了以壤塘—理县断裂带为代表的 NNW 向断裂－褶皱组合。在这一时期的构造变形中，壤塘—理县断裂带控矿断裂基本形成，为后期成矿提供了导矿构造。与该期构造相伴，由于岩石圈不同滑脱界面的滑脱拆离，造成地壳局部熔融，使区内中酸性岩浆岩沿断裂侵位于三叠纪地层之中，形成了壤塘—理县构造－岩浆岩带。在这一过程中，受断裂构造动力作用以及岩浆热液等的影响，地层以及岩浆中的金元素发生初步活化迁移富集，为后期成矿提供了物质基础。

3. 中－晚侏罗世工业矿体形成阶段

中－晚侏罗世该区经历了继印支末期—燕山早期大规模推覆造山之后的又一最重要构造事件。在南北向挤压下，壤塘—理县断裂带发生递进剪切变形，燕山早期侵位于断裂带中的中酸性岩体由于构造作用而透镜体化，岩体边缘发育碎裂岩。这一构造阶段，在构造动力的驱动以及构造流体、岩浆热液的参与下，金元素再次活化迁移富集，围岩与岩脉之间的破碎带以及碎裂岩脉，为金矿的形成提供了主要的赋矿空间，在有利的构造部位形成工业矿体。

4. 古近纪至今金的次生富集阶段

伴随着青藏高原的隆升，金矿体遭受强烈剥蚀和氧化，金元素次生富集，形成品位较高的氧化矿石。

第五章 金矿成矿地质条件与资源潜力评价

第一节 成矿地质条件

通过对若尔盖地块西南缘金成矿地质背景及典型金矿床的矿床地质特征等的研究，表明该区在金成矿上起主导性控制作用的成矿地质条件主要有赋矿层、岩浆成矿和剪切构造动力变质成矿三个方面。

一、赋矿层条件

若尔盖地块西南缘上三叠统侏倭组、新都桥组是该区金矿的赋矿地层，其中新都桥组板岩是最主要的赋矿层，绝大多数矿床(点)均产于其中。这与其所处浅表构造层次、具备有利于浅成中低温热液金矿形成的物理化学性质及含矿性等条件有直接关系。

上三叠统新都桥组是一套厚大的黑色板岩系，富含腐泥型有机质及生物沉积成因的莓群状黄铁矿，兼具强塑性和强还原性等物理化学性质。因此，在印支晚期—燕山早期收缩性造山过程中，随着板岩层的褶皱加厚，于其中极易形成具有强透入性的控岩控矿韧−脆性剪切构造带，以及具有强吸附功能的有机碳地球化学屏障，为金矿形成与分布创造了有利的赋矿层条件。此外，新都桥组赋矿层的含矿性也颇值注意，在壤塘—理县构造−岩浆带之外的正常新都桥组地层中，本底含金量平均为 4.36×10^{-9}，为上部陆壳金丰度值的 2.42 倍，也高于川西北地区中上三叠统浊积岩中金的平均丰度 3.5×10^{-9}(李小壮，1996)，具有较高的初始沉积富集特征。砷和锑二元素的平均本底含量为 17.1×10^{-6} 和 3.5×10^{-6}，分别是上部陆壳砷、锑丰度值的 11.4 倍和 17.7 倍，二者皆呈高度初始沉积富集状态。而本底含硫量则为上部陆壳硫丰度值的数十至近百倍。由此看来，新都桥组的含矿性，主要表现为在两个方面，一是该组中沉积的金呈浸染状赋存于硫化物或呈吸咐状态存在于黏土矿物、有机质或黏土矿物−有机质聚合物中，金具有较大活动性，在后期构造、岩浆作用下易于发生活化迁移；二是地层中富含浅成中低温微细浸染型金矿形成所需砷、锑、硫等重要成矿元素，与矿田内板岩型金矿的 Au+As+Sb 三元素共生组合或次显微金+含砷黄铁矿+毒砂+辉锑矿的矿石矿物共生组合特征表现有密切的成生关联。

二、岩浆成矿条件

在壤塘—理县构造-岩浆带中，印支晚期—燕山早期同构造浅成-超浅成相中性侵入岩十分发育，且与金矿的形成与分布关系十分密切，尤以闪长玢岩的表现最为明显也最为重要。浅成-超浅成相的中性岩脉是金成矿的重要条件，也是重要的找矿标志。

从中性侵入岩的含矿性来看，正常闪长玢岩的本底含金量为 $5.9×10^{-9}$～$44.3×10^{-9}$，平均值为 $12.7×10^{-9}$，为中性岩浆岩维诺格拉多夫(1962)金丰度值 $(4.5×10^{-9})$ 的 2.8 倍；银和砷二元素的平均本底含量是 $2×10^{-6}$ 和 $275×10^{-6}$，分别为中性岩维氏丰度的 27 倍和 113 倍。由此可见，闪长玢岩在含矿性上显现的金、银、砷等成矿元素的原生富集现象是十分明显的，并可与玢岩型金矿的 Au+Ag+As 三元素共生组合特征相呼应。

在金木达矿床的原生玢岩型矿芯中已发现含金 83.35～88.66g/t、含银 11.34～16.65 g/t 的显微粒状(含银)自然金，并与毒砂、黄铁矿、磁黄铁矿、黄铜矿及罕见的硫砷锑铜矿紧密相共生。上述金木达矿区玢岩型矿石的自然金及矿石矿物共生组合特征，与松潘哲波山玢岩型金矿石中同样发现有含金 82.4～85.4 g/t、含银 14.6～17.6 g/t 的(含银)自然金矿物的成色特征，以及(含银)自然金+毒砂+黄铁矿+磁黄铁矿+黄铜矿的矿石矿物共生组合特征都十分相似；而与松潘东北寨金矿床氧化带中所见次生加大成因树枝状、台阶式片状自然金+褐铁矿+黄钾铁矾共生组合，自然金成色(900～950)较高的特征，以及中深成金矿床中自然金成色极高(>950)的特点均明显有别。鉴于上述，可以初步肯定：壤塘—理县金成矿带中玢岩型金矿的(含银)自然金及共生金属硫化矿物均源自岩浆本身，应归属深源浅成-超浅成岩浆成因金矿。

从侵入岩的热液蚀变特征来看，在壤塘金木达金矿的鱼托寺小型闪长岩体的周围发育有大量不规则分布的花岗质交代的富石英脉体，显然与岩浆晚期富 K_2O、SiO_2 高温热液交代蚀变作用有关。脉体中共生金属硫化矿物为黄铁矿+磁黄铁矿+黄铜矿，与闪长玢岩常见矿石矿物组合大体相似。另据硅化石英包裹体均—测温成果，成矿早、晚两个阶段的均—温度分别为 295℃ 和 245℃ (张均等，2002)，与川陕甘金三角地区典型微细浸染型金矿的成矿温度相比，明显偏高，因此，有岩浆期后高温热液参与矿化蚀变作用的可能性颇大。

从空间分布关系来看，在壤塘—理县控岩控矿剪切断裂带中，金矿化蚀变带与石香肠-构造透镜体化中性玢岩带在空间分布上"形影相随"的叠合关系已是众所公认的事实。此外，尚值指出的是，在壤塘—理县控岩控矿断裂带金木达—南木达一带的南侧，东西纵贯矿田的上杜柯和则曲两条河流的宽谷型河漫滩及低阶地冲积层中，还发现有比较丰富的砂金资源。显然，它们是中酸性含金侵入岩和玢岩型金矿的风化剥蚀堆积产物。这从另一个侧面再次表明，岩浆活动与金矿形成关系确实十分密切，应该引起足够重视。

另从岩浆活动与金成矿作用的时间演化关系来看，在印支晚期—燕山早期多层次滑脱-逆冲推覆构造演化阶段，同构造浅成-超浅成相中性岩浆侵位活动，不仅为壤塘—理县金成矿带的金成矿作用提供了岩浆热源，还提供了一部分颇值重视的岩浆水源和矿源；嗣后，定位于浅表构造层次的中酸性侵入岩，在构造改造和多元含矿地热流体作用下，又以其能干性和化学活泼性特点，为金矿的形成提供了良好的赋矿空间，直至演变成颇具特色的玢岩型金矿。

三、构造动力变质成矿作用

构造动力变质成矿作用是金矿形成过程中最关键最具决定意义的先决地质条件之一，是本区金成矿的发动机。构造动力变质成矿作用主要表现在中深部韧性剪切动热变质成矿作用和浅表部脆性剪切断裂构造的分级控矿作用两个方面。

1. 中深部韧性剪切动热变质成矿作用

发生于印支晚期—燕山早期南北向收缩性造山阶段的中深部韧性剪切动热变质成矿作用，在提供金矿形成所需中深部变质热源、水源和矿源，以及形成与浅表脆性断裂带相互沟通的中深部透入性构造通道和构造驱动力等方面，都作出了重要的贡献。在壤塘—理县剪切构造带内，仅残留有早期形成的、大体上可以代表中深部过渡构造层次的碎裂状初糜岩-绢云母构造微晶片岩等韧性构造岩类。在其宏观和微观领域中可以观察到流劈理及顺面理定向排列的新生变质绢云母-绿泥石-(动态结晶)石英等应力矿物组合，同构造变质侧分泌石英细脉及压溶铁质面理，以及生物沉积成因莓状黄铁矿含金量($0.000\sim0.157g/t$)急剧增减变化等构造变质分异现象。无疑，这些构造变质分异现象都是在挤压构造体制和较高温压条件下，成岩成矿物质组合发生带入迁出、压溶扩散、结晶交代作用的结果。

从质量平衡的角度对断裂带的构造地球化学特征的研究也表明，中深部韧性剪切变形过程中，其物质成分总的向外迁出，表现为质量与体积的损失；浅部构造层次下的碎裂闪长玢岩、石英闪长岩，其物质总的是迁入，表现为质量与体积的增加，这充分说明了构造动力作用为成矿作用提供了物质和成矿流体。

2. 浅表部脆性剪切断裂构造的控矿作用

壤塘—理县剪切断裂构造带中，矿体的就位与富集与多级次的断裂构造、裂隙关系密切。浅表构造层次下形成的脆性变形，破坏了先成韧性剪切构造岩及浅成-超浅成中酸性岩脉群的完整性，形成了不同级次的次级断层与裂隙，为矿体的形成提供了赋矿空间。在控矿特征上，多级序和多尺度的复杂网节状断裂的分级控矿作用表现得比较明显（见前章）。在宏观上形成了一些特征明显的控矿构造，可作为寻找金矿的构造标志。这些主要的控矿构造特征表现在以下三个方面。

（1）强剪切应变带对金矿化蚀变带的线性控制。长达数百公里的壤塘—理县构造-岩浆岩带，其构造变形方式、强度以及变形的层次在不同的地段表现不一。对已经发现的金矿床（点）的研究表明，金矿床（点）往往分布在变形强烈、不同序次和方向的断裂、裂隙发育，且具有多期活动的特点，特别是早期经历了脆-韧性变形而后期又叠加了脆性改造的部位。在壤塘—理县剪切断裂带壤塘金木达—南木达一带，剪切断裂带南北宽约 5km，而金矿化蚀变则仅严格地受控于其腹心地带，宽仅数百米的强应变带中。从剪切断裂带的强应变带往两侧延伸，应变强度逐渐减弱，金矿化蚀变强度也随之迅速减弱，乃至完全消失。可以推测，壤塘—理县剪切断裂构造的强应变中心地带很可能与中-深部韧性剪切构造带是相互贯通的，对金矿化蚀变带的线性控矿特征也是很明显的。

（2）反"S"形断裂转折部位对金矿床（或矿群）的控制。在壤塘金木达金矿区，已知 4 个主矿体均集中定位于控矿断裂带在平面上呈反"S"形急剧转折的构造部位。很明显，这是壤塘—理县剪切断裂带中有利于矿质沉淀富集的局部伸展扩容构造部位，也是该断裂带在印支晚期—燕山早期由北往南斜冲过程中，由总体顺向直扭演变为局部顺向旋扭运动方式的平面控矿效应。

（3）不同方向断层交汇处对金矿的控制。壤塘—理县 NWW 向断裂带和近 SN 向及 NE 向断裂的交切复合部位，为矿床定位有着重要作用。在壤塘金木达矿区，发育一系列北 NE、NW 向、近 SN 向断层，这些断层切割、错移 NWW 向主干断裂，其规模及变形强度相对较弱，延伸一般数百米十米至千余米，断层破碎带一般宽几米左右，发育构造透镜体、构造角砾岩等。断层性质较为复杂，以压扭性为主，部分表现为张扭性。矿区内主要的矿体均产于与次级断层相交的 NWW 向断裂断裂带中。

第二节 资源潜力评价

1：20 万区域化探成果显示若尔盖地块西南缘 Au、As、Sb、Hg、W、Sn、

Be、Bi、Li、Ag、Pb、Cu、Co、Ni 等元素为高背景场，特别是 Au、As、Sb 三元素异常规模大、强度高，形成了若尔盖地块西南缘的壤塘—理县异常带。该异常带长 280km，宽 20～30km，形成了色达、大寨、大坪三个异常集中区（张均等，2002）。异常带总体呈 NW 向展布，与地层、岩浆岩、构造关系十分密切。异常多呈椭圆状、同心环状，次为长条状，浓度中心明显，三级浓度带俱全，峰值高，面积大，显示了极好的地球化学找矿信息。

若尔盖地块西南缘具有良好的金成矿地质背景，其中的壤塘—理县构造-岩浆岩带中已发现了金木达、新康猫等众多的金矿床（点），显示出良好的找矿前景。根据已有的 1：20 万化探扫面成果以及部分地区的 1：5 万水系沉积物化探成果，对壤塘—理县构造-岩浆岩带西段金木达—南木达、东侧刷金寺一带的金矿资源潜力进行了评价。

一、壤塘—理县金成矿带西段

四川省地勘局化探队在壤塘—理县金成矿带西段金木达—南木达地区，开展了 500km² 的 1：5 万水系沉积物地球化学测量，获得了该区 Au、Ag、Cu、Pb、Zn、As、Sb、Bi、Hg 等 9 种元素的地球化学分布特征（表 5-1）。

表 5-1　水系沉积物测量 Au、As、Sb 元素综合异常特征

异常编号	异常形状	Au 元素异常面积/km²	元素组合	异常内带峰值范围		
				Au/10^{-9}	As/10^{-6}	Sb/10^{-6}
I	似椭圆状	3.41	Au、As、Sb	19.1～1750	183～5635	25.4～3609
II	不规则状	11.22	Au、As	49.7～92.8	—	—
III	不规则状	16.53	Au、As、Sb	27.2～89	—	—
IV	不规则状	13.15	Au、As、Sb	22.7～180	252～366	18.6～91.7
V	半椭圆状	1.11	Au	45.3	—	—
VI	似椭圆状	2.08	Au、As、Sb	34.9～49.5	—	-21.4～100
VII	似枕状	4.03	AuAsSb	20.5	—	—
VIII	似长条状	3.65	Au、As、Sb	37.4～105	211～629	20.7～40

根据上述资料，采用面金属量定量评价模型和方法，对壤塘—理县金成矿带西段金木达—南木达地区金矿资源潜力进行了评价。

其预测方法是：

$$A_m \times (M_{em} - M_{eb}) = A_a \times (M_{ea} - M_{eb})$$

式中，M_{em} 为矿体金属含量，M_{ea} 为水系异常中金属含量，M_{eb} 为背景金属含量，A_a 为异常面积，A_m 为矿体出露面积。利用该公式，如果已知异常面积，就可以预测矿体规模，反过来已知矿体规模，就可以预测它能形成的异常面积大小，根据已知异常面积与矿体规模（即已知矿体资源量）的对应关系即可预测异常区内的远景资源量。

根据已知矿床及水系异常特征，区内金矿潜在资源量评价选择金木达金矿作为基础。金木达金矿主要发现了两条矿体，Ⅰ号矿体出露长度约 560m，厚度约 4.10m，平均品位 2.01g/t，Ⅱ号矿体出露长度约 960m，厚度约 7.86m，平均品位 2.98g/t，Ⅰ、Ⅱ号矿体对应矿体加权平均品位约为 2.65g/t，矿体出露面积约为 0.0098km²。1：5 万水系沉积物测量显示，区内 Au 元素背景值为 1.96×10^{-9}，对应金木达金矿 Au 元素异常面积为 3.41km²，异常带内 Au 元素的平均含量为 9.33×10^{-9}。通过已知异常面积反推其矿体出露面积约为 0.0095km²，与区内实际矿体出露面积 0.0098km² 基本相同，因此区内面金属量定量评价模型和方法能够满足要求。

根据已知金木达金矿资料显示，Ⅰ、Ⅱ号矿体工程控制深度分别为 280m、240m，其对应 333＋334 资源量约 13992kg。按评价模型可知，异常面积为 3.41km²，对应资源量约 13992kg，即每平方公里异常对应 4103.23kg 资源量。相应的可以计算出水系沉积物主要 Au 元素异常对应的资源量见表 5-2。

表 5-2　金木达—南木达地区水系沉积物异常面积与 Au 元素潜在资源量对应关系

异常编号	异常面积/km²	Au 元素潜在资源量/kg
Ⅰ	3.41	13992
Ⅱ	11.22	46038
Ⅲ	16.53	67826
Ⅳ	13.15	53957
Ⅴ	1.11	4555
Ⅵ	2.08	8535
Ⅶ	4.03	16536
Ⅷ	3.65	14977
合　计		226416

评价区成矿地质条件有利，含矿岩系广布，导容矿构造发育，矿化带规模较大，化探异常显示 Au、As、Sb 元素异常套合性良好，本次评价区预测金矿远景资源量约 226t，其中Ⅲ、Ⅳ、Ⅶ、Ⅷ号异常 4 个找矿靶区内预测金矿远景资源量约 153t，因此评价区具有形成大型或超大型矿床的地质条件，区内找矿潜力显著。

二、壤塘—理县金成矿带东段刷金寺一带

唐文春(2005)采用地球化学块体理论对若尔盖地块西南缘马尔康刷金寺一带面积5848km²的范围进行了金的资源潜力评价。

地球化学块体的概念是1995年由谢学锦(1995)提出，他对许多地质学家一直努力却无法解决的问题，即无法从成矿过程、成矿环境和成矿条件来辨认巨型矿床与一般矿床的差异这一难题，提出了自己独到的见解，即巨型矿床与一般矿床只在成矿金属供应量上存在差异，这种巨大的成矿金属供应量可以由地壳中"存在着特别富含某种或某些金属的地球化学块体"表现出来，从而可以从把握"地球化学块体"这一物质前提出发来把握巨型矿床的寻找。通过不断研究和实践，地球化学块体的概念逐步完善，认为地球化学块体是地球上某种或某些元素高含量的巨大岩块，它们是地球从形成与演化至今不均匀性的总显示，为大型至巨型矿床的形成提供了必要的物质供应条件(刘大文，2002)。在几何尺度上将地球化学块体的规模定义在1000 km²以上，厚度假定为1000m，其中约定岩块的出露面积必须大于或等于地球化学省的范围(谢学锦和刘大文，2001)。地球化学块体的理论与方法学为勘查地球化学、矿床学与成矿学开拓了眼界，并提供了新的研究思路，不仅对找矿学有重要的实用价值和指导意义，而且在基础理论方面也具有重要的意义。近年来，运用地球化学块体理论在地质找矿、资源潜力评价等方面取得了许多重要成果(王学求等，2007；刘大文和谢学锦，2005；李堃等，2013；李随民等，2013)。

具体预测方法是：

(1)利用全省1∶20万区域化探扫面成果，计算100km²的网格数据，圈定地球化学块体，通过逐渐提高块体下限值，研究块体内部结构。

(2)计算块体内成矿元素可供应总金属量(E)，$E=X\times S\times H\times\gamma$。$E$为成矿元素可供应金属量(t)，$X$为块体内成矿元素平均含量($10^{-9}$)，$S$为块体面积，$H$为块体厚度(取500m)，$\gamma$为岩块密度(取2.67t/m³)。

(3)计算成矿率$V=R/E$。利用成矿条件相似，勘探程度较高地区已发现矿床的总储量(R)除以该地区所在地球化学块体可供应总金属量(E)。

(4)利用成矿率对评价区进行总金属量估算。

利用1∶20万化探扫面成果100km²的网格数据，以2.4×10^{-9}为块体下限圈定的四川省金地球化学块体分布图，其块体内部结构是逐步提高块体下限值至3.2×10^{-9}、4.0×10^{-9}、4.8×10^{-9}、6.5×10^{-9}进行划分的。其中7号地球化学块体与评价区相关联，评价区位于该块体北部，块体面积为5848km²，金的平均含量为4.564×10^{-9}，因此可供应总金属量$E=4.564\times5848\times0.5\times2.67=35632$t，表明有巨量成矿物质供应。

　　按可供金属量的 10％为可成矿利用金属量，预测评价区金矿资源潜力为 3560t；根据四川地质调查院对川西北地区 50 个金矿床的统计资料，其成矿率可达 3％，预测评价区金矿资源潜力为 1068t。因此，评价区有形成巨型矿床或大型矿集区的地球化学条件。

　　上述金矿资源潜力评价结果表明，若尔盖地块西南缘具有良好的成矿地质背景，是一个极具找矿潜力的金成矿带，通过进一步的地质找矿工作，有望取得新的突破。

结　　语

　　川西北地区的若尔盖地块及其周缘分布有众多的浊积岩型(微细浸染型)金矿，是我国金矿重要的成矿远景区之一。在其西南缘的壤塘—理县构造-岩浆成矿带中相继发现了金木达、南木达、新康猫等中型以上的金矿床以及众多的金矿点，是我国新近崛起的大型金矿资源富集区之一。作为我国浊积岩型金矿的重要分布区及重要的金矿成矿远景区，深入研究若尔盖地块西南缘金矿成矿地质背景及成矿作用过程，有助于认识其成矿规律、评价其金矿资源找矿潜力，为地质找矿工作提供依据。本次研究以大量详实的野外资料，配合较为系统的分析测试，采用现代金成矿的新理论、新方法，通过对地层、构造、岩浆作用以及典型金矿床的调查研究，对若尔盖地块西南缘浊积岩型金矿的成矿作用进行了较为深入的研究。本研究主要获得以下认识：

　　(1)研究区广泛分布三叠系西康群浊流复理石建造，可划分为杂谷脑组、侏倭组、新都桥组，金矿体赋存于侏倭组、新都桥组之中，其中新都桥组是最主要的赋矿地层。根据岩相、沉积相标志以及遗迹化石特征，本区三叠系地层为深海-次深海环境下的浊流海底沉积，杂谷脑组主要为中扇内侧辫状水道区沉积，侏倭组主要为中扇外侧叠覆扇叶体沉积，新都桥组主要为外扇-盆地平原沉积。深海-次深海的还原环境为金的初始富集提供了有利条件。

　　(2)赋矿地层中含有 *Halobia yunnanensis*，*H. pluriradeata*，*H. convexa* Chen，*H. austriaca* Mojsisovics，*H. disperseinsecta* Kittl，*H. jomdaensis* Zhang，*H. rugosoides* Hsu 以及 *Posidonia gemmellaroi*（Lorenzo），*P. wangdaensis* Zhang，*P. wengensis* Wissman 等晚三叠世卡尼期的重要双壳分子，表明其时代为晚三叠世卡尼期。

　　(3)在三叠系浊积岩中采获了丰富的遗迹化石，划分出 *Helminthopsis-Paleodictyon*，*Paleodictyon-Neonereites*，*Megagrapton-Imponoglyphus*，*Paleodictyon-Phycosiphon*，*Megagtrapton-Helminthoida*，*Paleodictyon*，*Chondrites* 及 *Paleodictyon-Imponoglyphus* 等 8 个遗迹组合，将其归为 *Nereites* 遗迹相。遗迹化石组合及遗迹相的特征，表明该区三叠系浊积岩的沉积环境为深海-次深海环境。

　　(4)对本区最主要的赋矿地层新都桥组的金及微量元素特征进行了研究，金

的平均丰度为 4.36×10^{-9}，与上部大陆地壳金的丰度相比，富集系数达 2.42；与川西北地区新都桥组中金的平均丰度 2.3×10^{-9} 相比偏高，并具有显著富集 As、Sb、Bi，而贫 Hg、Ti、Fe 等元素的特征。微量元素的"R"型聚类分析表明，Au 与其他微量元素相关性弱，独立性强，说明新都桥组是一套原生含金浊积岩建造。新都桥组地层中金的含量较高，为金的再次活化富集提供了条件，推测新都桥组是该区金矿重要的矿源层之一。

(5)通过对浊积砂岩的主量、微量及稀土元素特征的研究，确定了物源区的类型，为沉积盆地地质构造演化提供了依据。砂岩的 K_2O/Al_2O_3、Al_2O_3/TiO_2、Cr/Zr、Th/Sc 的比值均表明其物源区以长英质岩石为主；$Fe_2O_3^* + MgO$、TiO_2 及 Al_2O_3/SiO_2、K_2O/Na_2O 和 $Al_2O_3/(CaO+Na_2O)$ 等特征值与大陆岛弧环境的砂岩成分相近；在 La-Th-Sc 及 Th-Sc-Zr/10 图解中大部分样品均在大陆岛弧区。因此，该区浊积岩的物源主要是来自大陆岛弧构造背景。

(6)若尔盖地块西南缘广泛发育燕山期侵入岩，集中分布于壤塘—理县断裂带中。主要岩石类型有闪长岩、石英闪长岩、花岗闪长岩及它们的浅成或超浅成相的闪长玢岩、花岗闪长斑岩、花岗斑岩，并出露有煌斑岩脉。由于后期构造的破坏，多呈无根块体产于断裂带中。岩石地球化学特征表明，本区侵入岩属同源岩浆演化序列，且均为钙碱性系列；岩浆成因来源主体为"S"型，为下地壳部分融熔经花岗石化或分异的改造型花岗岩；侵入岩类均以被动机制侵位，其侵位中心具迁移性，斑岩类侵位深度均<2km，而深成岩则一般 4~5km，深者达 10km，侵位后深成岩剥蚀较浅而斑岩类均遭受了中-深剥蚀；侵入岩类均属同造山同碰撞花岗岩。结合岩体主要产于壤塘—理县断裂带内，且又多受到断裂改造而呈构造透镜体产出的特征，表明本区侵入岩类为印支末—燕山早期松潘—甘孜造山带大规模南北向挤压机制下，滑脱-推覆使地壳增厚，剪切生热并部分形成源岩浆，经分异演化沿断层上侵形成，属与本区主体构造同期形成的同构造环境产物。

(7)中、基性岩脉与金成矿具有密切的时空及成因关系。在时间上，闪长岩、闪长玢岩及煌斑岩脉的 K-Ar 同位素年龄在 207~162Ma，与矿石中脉石英的 Rb-Sr 等时线年龄 187±12Ma、黄铁矿铅同位素模式年龄 151Ma、155Ma 具有大致相同的时代，这表明金矿化与岩浆热事件是同时或稍后发生的。在空间上，金矿床(点)的分布基本与岩浆岩分区相重叠，更为重要的是金矿体主要产于岩脉与围岩接触带上的构造破碎带中，以及岩体内低序次的破碎带中，碎裂蚀变岩脉是金矿的主要矿石类型，岩脉分布密集的位置往往是成矿最有利的部位，富矿体多产于紧密相邻的脉岩之间的破碎带之中。在成因上，金矿的成矿时间与岩浆活动的时间基本一致，表明金成矿与岩浆热事件是同期的产物；金矿床的空间分布位置与岩浆岩的分布位置一致，并具岩浆热液蚀变、交代成因的特点；矿区中分布有具较高的金丰度的煌斑岩脉，可为金成矿提供成矿物质。岩浆岩对金成矿作用的贡献表现为，提供成矿物质、热源、流体及赋矿空间，在成矿作用过程中扮演了重要的角色，同时也是一个显著的找矿标志。

（8）运用构造解析的理论与方法，从宏观、微观和超微观等不同尺度，对壤塘—理县构造-岩浆岩带构造变形的几何学、运动学特征，以及变形期次及变形特征。壤塘—理县构造-岩浆岩带内断裂构造发育，总的组成一个多级次的、复杂的菱形网节状构造。断裂带具有多期变形的特点，构造事件、岩浆事件与成矿事件密切相伴。构造-岩浆岩带早期是松潘—甘孜造山带主造山期大规模滑脱-推覆的变形，其变形时代为印支末—燕山早期，经历了中-浅构造层次的韧-脆性变形，形成了绢云母构造微晶片岩、碎裂岩。由于岩石圈不同滑脱界面的滑脱拆离，造成地壳局部熔融，使中酸性岩浆沿断层侵位于三叠纪地层之中。主造山期之后，燕山中期的陆内变形阶段表现为侵位于断裂带中的中酸性岩体由于构造作用而透镜体化，岩体边缘发育碎裂岩，碎裂岩脉是主要的金矿矿石类型，与该期构造密切相关的是金矿成矿事件，成矿流体在岩性及应力转换面上富集成矿。其后在喜马拉雅期中，断裂带还经历了断块抬升、逆冲-走滑等构造变形世代。

（9）壤塘—理县金成矿带内的控矿构造是由不同级次的断层组成的一个复杂的断裂系统，它们对金矿的形成与分布起着不同的作用。NWW 向主干断裂带为其主要的导矿、容矿构造，由于其继承性多次活动，形成一个由复杂的伴、派生断裂、裂隙构成的次级低序次断裂构造系统，具有工业价值的矿体就定位于 NWW 向主干断裂内的低序次次级构造之中，它们构成了含金剪切带的容矿构造。主要的控矿构造类型有：①岩性转换面。壤塘—理县断裂带内大部分矿体都是定位于石英闪长岩、闪长玢岩与板岩之间的断裂破碎带内，破碎蚀变的岩脉是金矿的主要矿石类型，具有典型的界面控矿的特点；②岩体内部的构造破碎带。岩脉内部的破碎带宽度一般在几米左右，在平面上和剖面上都形成一个网节状构造，在两组次级断裂构造的结点上，常常形成厚度较大、品位较高的工业矿体，岩脉内部的次级破碎带是该区金矿体的另一个重要的赋存部位；③裂隙。在金木达、南木达矿区已发现有张裂隙、混合型裂隙、剪裂隙等三个类型的裂隙，它们在平面上和剖面上构成了"X""V""I"型和雁行式，前两者为共轭剪切裂隙，后两者为张性裂隙或剪切裂隙，这些裂隙大多被矿脉充填。

（10）若尔盖地块西南缘金矿的形成可大致分为四个成矿阶段，并与四个构造变形（演化）阶段相对应，分别为：①中、晚三叠世金的沉积初始富集阶段。中、晚三叠世若尔盖地块处于扬子陆块边缘前陆盆地演化阶段，形成了一套次深海-深海大陆斜坡-盆地平原环境下的浊流复理石沉积，次深海-深海的还原环境为金的初始富集提供了条件，地层中的金为后期金成矿提供了矿源；②晚三叠世末期—早侏罗世金的初步活化迁移富集阶段。晚三叠世末期—早侏罗世是松潘—甘孜造山带大规模滑脱-推覆造山阶段，壤塘—理县断裂带控矿断裂基本形成，同时中酸性岩浆沿断裂侵位于三叠纪地层之中。在这一过程中，受断裂构造动力作用以及岩浆热液等的影响，地层以及岩浆中的金元素发生初步活化迁移富集，为后期成矿提供了物质基础。③中-晚侏罗世工业矿体形成阶段。在 SN 向挤压下，壤塘—理县断裂带发生递进剪切变形，燕山早期侵位于断裂带中的中酸性岩体由于构造作用而透镜体化，岩体边缘发育碎裂岩。这一构造阶段，在构造动力的驱动以及构造流体、岩浆热液的参与下，金元素再次活化迁移富集，围岩与岩脉之间的破碎带以及碎裂岩脉，为金矿的形成提供了主要的赋矿空间，在有利的构造部位形成工业矿体；④古近纪至今金的次生富集阶段。伴随着青藏高原的隆升，金矿体遭受强烈剥蚀和氧化，金元素次生富集，形成品位较高的氧化矿石。

（11）通过对若尔盖地块西南缘金成矿地质背景及典型金矿床的矿床地质特征等的研究，该区在金成矿上起主导控制作用的成矿地质条件主要有赋矿层、岩浆成矿和剪切构造动力变质成矿三个方面。①赋矿层条件。若尔盖地块西南缘上三叠统侏倭组、新都桥组是该区金矿的赋矿地层，其中新都桥组板岩是最主要的赋矿层，绝大多数矿床（点）均产于其中。这与其所处浅表构造层次、具备有利于浅成中低温热液金矿形成的物理化学性质及含矿性等条件直接有关。②岩浆成矿条件。在壤塘—理县构造-岩浆带中，印支晚期—燕山早期同构造浅成-超浅成相中性侵入岩十分发育，且与金矿的形成与分布关系十分密切，尤以闪长玢岩的表现最为明显也最为重要。浅成-超浅成相的中性岩脉是金成矿的重要条件，也是重要的找矿标志。③构造动力变质成矿作用。主要表现在中深部韧性剪切动热变质成矿作用和浅表部脆性剪切断裂构造的分级控矿作用两个方面。发生于印支晚期—燕山早期南北向收缩性造山阶段的中深部韧性剪切动热变质成矿作用，在提供金矿形成所需中深部变质热源、水源和矿源，以及形成与浅表脆性断裂带相互沟通的中深部透入性构造通道和构造驱动力等方面，都作出了重要的贡献。浅表构造层次下形成的脆性变形，破坏了先成韧性剪切构造岩及浅成-超浅成中酸性岩脉群的完整性，形成了不同级次的次级断层与裂隙，为矿体的形成提供了赋矿空间。在控矿特征上，多级序和多尺度的复杂网节状断裂的分级控矿作用表现得比较明显。在宏观上这些主要的控矿构造特征表现在：强剪切应变带对金矿化蚀变带的线性控制、反"S"形断裂转折部位对金矿床（或矿群）的控制、不同方向断层交汇处对金矿的控制。

（12）1：20 万区域化探成果显示，若尔盖地块西南缘 Au、As、Sb 等三元素异常规模大、强度高，显示了极好的地球化学找矿信息。对壤塘—理县金成矿带西段金木达—南木达地区，根据1：5万水系沉积物化探资料，采用面金属量定量评价模型和方法，对该区 $500km^2$ 范围内进行了金矿资源潜力评价，预测金矿远景资源量约226t，具有形成大型或超大型矿床的地质地球化学条件。对壤塘—理县金成矿带东段刷金寺一带面积 $5848km^2$ 的范围，采用地球化学块体的理论进行了金矿资源潜力评价，预测金矿资源潜力为 1068t，评价区有形成巨型矿床或大型矿集区的地球化学条件。上述金矿资源潜力评价结果表明，若尔盖地块西南缘具有良好的成矿地质背景，是一个极具找矿潜力的金成矿带，通过进一步的地质找矿工作，有望取得新的突破。

参 考 文 献

方国庆，李育慈，张晓宝. 1992. 浊积岩型金矿及其在我国的发展[J]. 黄金科技动态，9：24-25.

赖旭龙，杜远生，熊伟，等. 1999. 西秦岭地区三叠系金矿床构造-岩相组合研究[J]. 地球科学，24（增刊）：59-65.

赖旭龙，谢树成，杜远生，等. 1998. 西秦岭三叠系一个浊积岩序列金的地球化学特征[J]. 地球学报，19（2）：210-214.

赖旭龙，杨逢清，杜远生，等. 1997. 川西北南坪至若尔盖一带三叠系地层系统及沉积环境研究[J]. 中国区域地质，16（2）：193-199.

黎彤. 1976. 化学元素的地球丰度[J]. 地球化学，3：167-174.

李堃，刘凯，汤朝阳，等. 2013. 湘西黔东地区Zn地球化学块体特征及锌资源潜力估算[J]. 中国地质，40（4）：1270-1277.

李随民，吴景霞，栾文楼，等. 2013. 地球化学块体方法在冀北金矿资源潜力估算中的应用[J]. 中国地质，36（2）：444-449.

李文亢，郑启钤，刘觉生. 1986. 中国地质科学院沈阳地质矿产研究所所刊[A]. 内部资料，13：135-150.

李小壮. 1993. 东北寨式微细浸染型金矿成矿条件、成矿模式及远景报告[R]. 四川地勘局川西北地质队，1-265.

李小壮. 1996. 川西北地区浅成低温热液金矿系列的矿床类型及分布规律[J]. 四川地质学报，16（2）：135-141.

廖群安，张均，张晓军. 1999. 川西北中壤塘脉岩带的地质特征及其与金矿化的关系[J]. 地球科学，24（增刊）：42-45.

刘大文. 2002. 地球化学块体的概念及其研究意义[J]. 地球化学，31（6）：539-548.

刘大文，谢学锦. 2005. 基于地球化学块体概念的中国锡资源潜力评价[J]. 中国地质，32（1）：25-32.

刘景波，钟增球，游振东，等. 1993. 韧性剪切带糜棱岩类质量平衡分析——以豫西秦岭群蛇尾剪切带为例[J]. 地球科学，18（6）：757-765.

卢焕章，王中刚，陈文一，等. 2006. 贵州东南部浊积岩中金矿的地质特征和成因[J]. 矿床地质，25（4）：369-387.

卢焕章，王中刚，吴学益，等. 2013. 造山带的浊积岩型金矿的基本地质特征[J]. 矿物学报（增刊），39-340.

马昌前，杨坤光，唐仲华，等. 1994. 花岗岩类岩浆动力学-理论方法及鄂东花岗岩类例析[M]. 武汉：中国地质大学出版社.

马荣刚. 1999. 四川壤塘金矿带成矿地质条件及其找矿方向[J]. 四川地质学报，19（1）：46-49.

毛德宝. 1992. 初论我国浊积岩金矿床[J]. 辽宁地质，1：26-34.

倪师军，李朝阳，张诚，等. 1994. 中基性脉岩对金矿成矿的贡献——以小秦岭金矿区为例[J]. 成都理工学院学报，21（3）：70-78.

聂凤军. 1989. 浊积岩地层中金矿床地质地球化学特征、成因机制及找矿勘探标志[J]. 黄金地质科技，1：23-30.

四川地质矿产勘查开发局川西北地质队，1999. 四川省壤塘县金木达地区金矿普查报告[R]. 1-176.

孙省利，宋春晖，武安斌，等. 1995. 西秦岭礼崛金矿带李坝群含金浊积岩建造地球化学特征[J]. 沉积学报，13(4)：145-152.

唐文春. 2005. 四川红原县刷经寺新康猫金矿成矿规律及找矿方向研究[D]. 成都：成都理工大学，27-43.

王全伟，姚书振，骆耀南. 2003. 川西北微细浸染型金矿成矿构造系统及其动力学分析[M]. 成都：电子科技大学出版社，1-158.

王小春，何刚. 1994. 论甘孜—道孚地区三叠系含金建造的元素地球化学特征[J]. 黄金地质科技，2：43-47.

王学求，申伍军，张必敏，等. 2007. 地球化学块体与大型矿集区的关系——以东天山为例[J]. 地学前缘，14(5)：116-123.

谢学锦. 1995. 用新观念与新技术寻找巨型矿床[J]. 科学中国人，5：14-16.

谢学锦，刘大文. 2001. 地球化学块体——概念与方法学的发展[A]. 中国地质调查局. 中国地质调查局矿产资源调查评价理论与方法技术论文集[C]. 内部资料，1-15.

杨成奎. 1993. 滇黔桂区中三叠世安尼期浊积岩微相划分与金矿关系[J]. 矿产与地质，7(1)：23-28.

杨逢清，王红梅，杨恒书，等. 1996. 四川若尔盖唐克晚三叠世卡尼期侏倭组陆隆沉积环境分析[J]. 沉积学报，14(3)：56-63.

杨逢清，周乔伟，熊伟，等. 1999. 川西北地区中、晚三叠世地层层序及地层在金成矿中的贡献[J]. 地球科学，24(增刊)：35-41.

杨恒书. 1995. 川北甘南地区金和多金属矿在三叠系中的控矿因素、成矿规律及找矿标志、成矿预测研究[R]. 四川地勘局川西北地质队，1-236.

杨恒书，王全伟，梁斌，等. 1999. 西扬子大陆构造演化及成矿[J]. 地球科学；24(增刊)：109-114.

张均，张晓军. 2000a. 川西北地区金成矿的地质异常控制[J]. 地质找矿论丛，15(1)：30-38.

张均，张晓军，廖群安. 2000b. 川西北地区金成矿的构造-岩浆控制[J]. 黄金，21(6)：1-5.

张均. 2000c. 川西北地区金矿床的双源复合成矿新认识[J]. 地质科技情报，19(1)：51-56.

张均，吕新彪，杨逢清，等. 2002. 川西北金矿地质和成矿预测[M]. 武汉：中国地质大学出版社，1-304.

赵琦. 1995. 川西北地区微细浸染型金矿的区域地质、地球物理、地球化学特征[J]. 四川地质学报，15(1)：31-40.

郑明华，周渝峰，刘建明. 1994. 喷流型与浊积岩型层型金矿床[M]. 成都：四川科技出版社，1-150.

钟大赉，丁林. 1996. 青藏高原的隆起过程及其机制探讨[J]. 中国科学（D辑），26(4)：289-295.

钟增球，游振东. 1995. 剪切带的成分变异及体积亏损——以河台剪切带为例[J]. 科学通报，40(10)：913-916.

Bhatia M R. 1983. Plate tectonic and geochemical composition of sandstones [J]. Geology，91：611-627.

Bhatia M R, Crook, K A W. 1986. Trace element characteristics of greywackes and tectonic setting discrimination of sedimentary basin[J]. Contrib Mineral Petrol，92：181-193.

Boyle R W. 1986. Gold deposits in turbidite sequences: Their geology, geochemistry and history of the theories of their origin[A]. Keppie, Boyle, Haynes, et al. Turbidite hosted gold deposits[C]. Geological Association of Canada special paper32, 1-13.

Chappell B W, White A J R. 1992. I-and S-type granites in the Lachlan Fold Belt[J]. Earth Sci，83：1-26.

Cox R, Lowe D R, Cullers R L. 1995. The influence of sediment recycling and basement composition on evolution of mudrock chemistry in the south-western United States[J]. Geochimica et Cosmochimica Acta，59：2919-2940.

Cullers R L, Basu A, Suttner L. 1988. Geochemical signature of provenance in sand-size material in soils and stream sediments near the Tobacco Root batholite, Montana, USA[J]. Chem Geol，70：335-348.

Cullers R L. 1994. The controls on the major and trace element variation of shale, siltstones, and sandstones of Pennsylvanian-Permian age from uplifted continental blocks in Colorado to platform sediment in Kansas, USA [J]. Geochimica et Cosmochimica Acta, 58: 4955-4972.

Ekdale A A, Bromley R G, Pemberton S G. 1984. The use of trace fossils in sedimentology and stratigraphy [A]. SEPM. Tulsa Oklahoma, 1-316.

Fedo C M, Young G M, Nesbitt H W. 1997. Paleoclimatic control on the composition of the Paleoproterozoic Serpent Formation, Huronian Supregroup, Canada: a greenhouse to icehouse transition [J]. Precambrian Research, 86: 210-223.

Girty G H, Ridge D L, Knaack C, et al. 1996. Provenance and depositional setting of Paleozoic chert and argillite, Sierra Nevada, California[J]. Journal of Sedimentary Research, 66(1): 107-118.

Glasson M J, Keays R R. 1978. Gold mobilization during cleavage development in sedimentary rocks from the auriferous Slate belt of Central Victoria, Australia: Some important boundary condition[J]. Economic Geology, 73: 496-511.

Haynes S J. 1986. Geology and chemistry of turbidite-hosted gold deposits, greenschist facies, Eastern Nova Scois, Canada[A]. Duncan J ed, Turbidite hosted gold deposits, CAC.

McLennan S M. 1989. Rare earth elements in sedimentary rocks: influence of provenance and sedimentary processes[A]. Lipin B R, McKay G A eds. Geochemistry and Mineralogy of REE. Mineral[C]. Soc Am Rev Mineral, 21: 169-200.

McLennan S M, Hemming S R, McDaniel D K, et al. 1993. Geochemical approaches to sedimentation, provenance and tectonics[A]. Johnsson M J, Basu A eds. Processes Controlling the Composition of Clastic Sediments[C]. Geol Soc Am Spec Pap, 284: 21-40.

Mutti E, Ricc Lucchi F. 1975. Turbidite facies and facies association[J]. Mutti E, Parea G C, Ricci Lucchi F, et al. Examples of Turbidite Facies and Association from Selected Formation of the Northern Apenniners. Field Trip Guidebook A-11, 9th, International Association of Sedimentologists Congr., Nice, 21-36.

Normark W R. 1978. Fan valleys channels and depositional lobes on modern submarine fans characters for recognition of sandy turbidite environments[J]. American Association of Petroleum Geologists Bulletin, 62: 912-931.

O'Hara K, Blackburn W H. 1989. Volume-loss model for trace-element enrichments in mylonites[J]. Geology, 17: 524-527.

Pikering K T, Stow D A, Watson M P, et al. 1986. Deep Water facies, Process and models: a review and classifieation scheme for modern and aneient sediments[J]. Earth Science Review, 23: 75-174.

Ramsay J G, Huber J. 1983. The techniques of modern structure[J]. Geology, 1: 235-281.

Rock N M S, Groves D I. 1988. Can lamprophyres resolve the genetic controversy over mesothermal gold deposits? [J]. Geology, 16: 538-541

Sahu B K, 1964. Depositional mechanisms from the size analysis of clastic sediments[J]. J Sedim Petro, 34: 73-83.

Seilacher A. 1967. Pattern analysis of Paleodictyon and related trace fossils[A]. Crimes T P, Harper J C. Trace fossils 11[M]. Seel House Press, Liverpool, 289-334.

Taylor S R, McLennan S M. 1985. The continental crust: its composition and evolution[M]. Blackwell, Oxford, 1-312.

Walker R G. 1978. Deep water sandstone facies and ancient submarine fans: Models for exploration for

Stratigraphic traps [J]. AAGP, 62(6): 932-966.

Weathers M S, Bird J M, Cooper R F, et al. 1979. Differential stress determined from deformation induced microstructures of the Moine thrust zone[J]. Geophys Res, 84 (13): 7495-7509.

Wronkiewicz D J, Condie K C. 1987. Geochemistry of Archean shales from the Witwatersr and Supergroup, South Africa: source-area weathering andprovenance[J]. Geochim Cosmochim Acta, 51: 2401-2416

Wronkiewicz D J, Condie K C. 1989. Geochemistry and provenance of sediments from the Pongola Supergroup, South Africa: Evidence for a 3. 0 Ga-old continental craton[J]. Geochimica et Cosmochimica Acta, 53: 1537-1549.